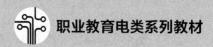

职业教育电类系列教材

U0161372

模拟
电子技术应用

微课版

冯泽虎 / 主编

王晶 刘哲 王光亮 张春峰 闫其前 / 副主编

ELECTRICITY

人民邮电出版社

北 京

图书在版编目（CIP）数据

模拟电子技术应用：微课版 / 冯泽虎主编. -- 北京：人民邮电出版社，2021.8（2022.5重印）
职业教育电类系列教材
ISBN 978-7-115-56234-0

Ⅰ. ①模… Ⅱ. ①冯… Ⅲ. ①模拟电路－电子技术－职业教育－教材 Ⅳ. ①TN710

中国版本图书馆CIP数据核字(2021)第054186号

内 容 提 要

本书是为适应电子技术迅速发展以及职业院校教学改革的需要而编写的。全书主要介绍了常用半导体器件及其基本应用、基本放大电路、集成运算放大电路、负反馈放大电路、信号产生电路、直流稳压电源等内容，并且每章配备了自我测试和习题。

本书以应用为目的，突出理论与实训相结合，每章都配有相关的实践项目，帮助读者掌握本书的主要内容。本书采用"纸质教材+数字课程"立体化教材的形式，配套了丰富的数字化教学资源，扫描二维码，即可观看视频、动画等配套资源，随扫随学，突破传统课堂教学的时空限制，实现了互联网与传统教育的结合。

本书可作为职业院校应用电子技术、电子信息工程技术、电气自动化技术及相关专业的教学用书，也可作为电子、家电行业工程技术人员的参考用书。

◆ 主　编　冯泽虎
　　副主编　王　晶　刘　哲　王光亮　张春峰　闫其前
　　责任编辑　刘晓东
　　责任印制　王　郁　彭志环
◆ 人民邮电出版社出版发行　　北京市丰台区成寿寺路 11 号
　　邮编　100164　电子邮件　315@ptpress.com.cn
　　网址　https://www.ptpress.com.cn
　　北京九州迅驰传媒文化有限公司印刷
◆ 开本：787×1092　1/16
　　印张：10.75　　　　　　　　2021 年 8 月第 1 版
　　字数：259 千字　　　　　　 2022 年 5 月北京第 2 次印刷
　　　　　　　　　　定价：42.00 元
读者服务热线：(010)81055256　印装质量热线：(010)81055316
反盗版热线：(010)81055315
广告经营许可证：京东市监广登字 20170147 号

前　言

　　本书是国家精品资源共享课程、国家教学资源库子项目课程"电工电子技术"配套教材之一，也是省级优质校建设特色教材之一。本书是在编者多年教学改革和实践的基础上，借鉴国内外先进的教学理念精心编写而成的。

　　本书根据职业院校人才培养目标的要求以及现代科学技术发展的需要，在内容上以现代模拟电子技术的基础知识、基本理论与技能为主线，使现代模拟电子技术与各种新技术有机结合、理论与实践紧密结合。本书强化实践训练，注重学生模拟电子技术专业技能的培养与提高，在理论与技能教学的衔接方面充分体现职业教育的特点。

　　模拟电子技术是一门应用性很强的专业基础课，其理论与技能是从事机电类专业技术工作的人员所不可缺少的。理论与技能的密切结合，是本书的特点之一。近年来，作者在模拟电子技术课程的教学中，一直采用教、学、做相结合的教学模式，效果令人满意。本书共分为6章。每章都配有相关的实践项目，充分体现了技能和理论相结合。

　　本书由淄博职业学院冯泽虎担任主编，对本书的课程标准与编写思路进行总体策划，指导全书的编写，并对全书统稿；淄博职业学院王晶，淄博技师学院刘哲，淄博职业学院王光亮、张春峰、闫其前担任副主编。具体分工：冯泽虎和刘哲编写第1章、第5章，王晶编写第2章，张春峰编写第3章，王光亮编写第4章，闫其前编写第6章。淄博美林电子有限公司、山东科明光电科技有限公司的相关技术人员参与了本书实践项目的编写。

　　由于编者水平的限制，书中的不妥之处在所难免，恳请读者给予批评指正。

编　　者

2021 年 5 月

目　录

第 1 章　常用半导体器件及其基本应用

学习目标

- 了解半导体的特性。
- 掌握 P 型半导体、N 型半导体载流子的形成。
- 掌握 PN 结的单向导电性。
- 掌握二极管伏安特性、温度特性和主要参数。
- 掌握二极管的信号模型、基本应用。
- 了解特殊二极管及其基本应用。
- 了解晶体管的结构，掌握晶体管的电流分配关系及放大原理。
- 掌握晶体管的输入输出特性，理解其含义。
- 了解晶体管的主要参数的定义。
- 了解场效应管的结构、输入输出特性，理解其含义。
- 会使用万用表检测二极管、晶体管的质量和判断电极。
- 会查阅半导体器件手册，能按要求选用二极管、晶体管。

1.1　半导体二极管及其基本应用

半导体是一种导电能力介于导体和绝缘体之间的物质，常用的半导体材料有硅、锗、硒及大多数金属氧化物。由半导体材料制成的半导体器件是组成各种电子电路不可缺少的、重要的有源器件。

常用的半导体器件包括半导体二极管、三极管、场效应管，以及集成电路等。

1.1.1　PN 结及其单向导电性

1. 导体、半导体、绝缘体

物质的导电能力与它们的原子结构有关，即与它们的原子最外层的电子受其原子核束缚力的强弱有关。物质按导电能力的强弱，可分为导体、半导体和绝缘体。

PN 结及其单向导电性

导体：导电能力很强的物质，如低价元素铜、铁、铝等。

半导体：导电能力介于导体和绝缘体之间的物质，如硅、锗等四价元素。

绝缘体：导电能力很弱，基本上不导电的物质，如高价惰性气体、橡胶、陶瓷、塑料等高分子材料等。

2. 本征半导体与两种载流子

（1）本征半导体结构

通过特殊工艺加工，可以使硅或锗元素的原子之间靠共有电子对——共价键，形成非常规则的晶体点阵结构，每个原子外层相对排满 8 个电子，形成相对稳定的状态。这种结构整齐、纯净且呈现晶体结构的半导体称为本征半导体。共价键内的两个电子由相邻的原子各用一个价电子组成，称为束缚电子。图1-1所示为硅和锗的原子结构和共价键结构。

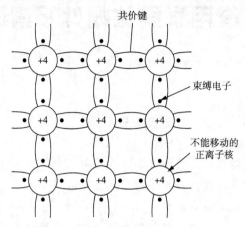

图1-1 硅和锗的原子结构和共价键结构

（2）本征激发

在常温下，由于热能的激发，使本征半导体共价键中的价电子获得足够的能量而脱离共价键的束缚，成为自由电子，同时，在共价键中留下一个空位，即空穴。这种产生自由电子和空穴对的现象，称为本征激发。本征半导体中，自由电子和空穴成对出现，数目相同。温度越高，半导体材料中产生的自由电子越多。

本征激发使本征半导体中存在一定浓度的自由电子（带负电荷）和空穴（带正电荷）对，因此本征半导体具有导电能力，但导电能力有限。

如图1-2所示，空穴（如图中位置1）出现以后，邻近的束缚电子（如图中位置2）可能获取足够的能量来填补这个空穴，而在这个束缚电子的位置又出现一个新的空穴，另一个束缚电子（如图中位置3）又会填补这个新的空穴，这样就形成束缚电子填补空穴的运动。为了区别自由电子的运动，束缚电子填补空穴的运动称为空穴运动，空穴运动方向与自由电子运动方向相反。

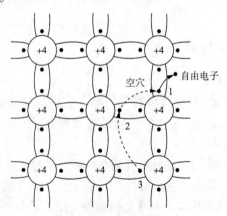

图1-2 空穴运动

在电场作用下，自由电子和空穴可在半导体内作定向运动形成电流。自由电子称为电子载流子，空穴称为空穴载流子。因此，半导体中有自由电子和空穴两种载流子参与导电，分别形成电子电流和空穴电流，这是半导体导电区别于金属导体导电的一个重要的特点。在常温下，本征半导体中载流子浓度很低，因此导电能力很弱。

3. 杂质半导体

在本征半导体中掺入适量且适当的其他元素（杂质元素），就形成杂质半导体，并且导电能力大大增强。根据掺入杂质的性质不同，杂质半导体分为两类：电子型（N 型）半导体和空穴型（P 型）半导体。

（1）N 型半导体

在硅或锗本征半导体中掺入适量的五价元素（如磷），则磷原子与其周围相邻的 4 个硅或锗原子形成共价键后，还多出一个电子，这个多出的电子极易成为自由电子参与导电，同时，因本征激发还产生自由电子和空穴对。结果，自由电子成为多数载流子（多子），空穴成为少数载流子（少子）。这种主要依靠多数载流子自由电子导电的杂质半导体称为 N 型半导体 ，如图 1-3 所示。

（2）P 型半导体

在硅或锗本征半导体中掺入适量的三价元素（如硼），则硼原子与周围相邻的 4 个硅或锗原子形成共价键后，还留有一个空穴。同时，因本征激发还产生自由电子和空穴对。结果，空穴成为多数载流子，自由电子成为少数载流子。这种主要依靠多子空穴导电的杂质半导体称为 P 型半导体，如图 1-4 所示。无外电场作用时，本征半导体和杂质半导体对外均呈现电中性，其内部无电流。

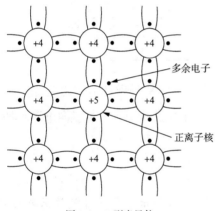

图 1-3　N 型半导体

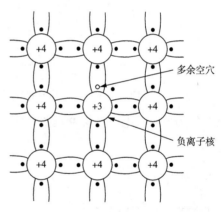

图 1-4　P 型半导体

4. PN 结的形成

多数载流子因浓度上的差异而形成的运动称为扩散运动，如图 1-5 所示。由于空穴和自由电子均是带电的粒子，扩散的结果使 P 区和 N 区原来的电中性被破坏，在交界面的两侧形成一个不能移动的带异性电荷的离子层，此离子层称为空间电荷区，即 PN 结，如图 1-6 所示。在空间电荷区，多数载流子已经扩散到对方并被复合掉了，或者说被消耗尽了，因此空间电荷区又称为耗尽层。

空间电荷区出现后，因为正负电荷的作用，将产生一个从 N 区指向 P 区的内电场。内电场的方向，对多数载流子的扩散运动起阻碍作用。同时，内电场可推动少数载流子（P 区的自由电子和 N 区的空穴）越过空间电荷区，进入对方。少数载流子在内电场作用下有规则的运动称为漂移运动。漂移运动和扩散运动的方向相反。无外加电场时，通过 PN 结的扩散电流等于漂移电流，PN 结中无电流流过，PN 结的宽度保持一定并处于稳定状态。

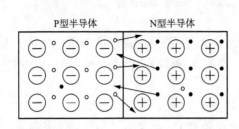

图 1-5　扩散运动　　　　　　　图 1-6　PN 结的形成

5. PN 结的单向导电性

如果在 PN 结两端加上不同极性的电压，PN 结将呈现出不同的导电性能。

PN 结外加正向电压：PN 结 P 端接高电位，N 端接低电位，称为 PN 结外加正向电压，又称为 PN 结正向偏置，简称为正偏，如图 1-7 所示。

PN 结外加反向电压：PN 结 P 端接低电位，N 端接高电位，称为 PN 结外加反向电压，又称为 PN 结反向偏置，简称为反偏，如图 1-8 所示。

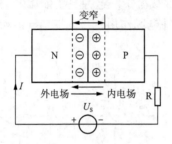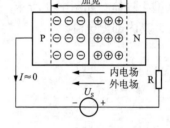

图 1-7　PN 结外加正向电压　　　　　图 1-8　PN 结外加反向电压

PN 结的单向导电性是指 PN 结外加正向电压时处于导通状态，外加反向电压时处于截止状态。

小提示

① 半导体中存在两种载流子，一种是带负电的自由电子，另一种是带正电的空穴，它们都可以运载电荷形成电流。

② 本征半导体中，自由电子和空穴相伴产生，数目相同。

③ 一定温度下，本征半导体中电子空穴对的产生与复合相对平衡，电子空穴对的数目相对稳定。

④ 温度升高，激发的电子空穴对数目增加，半导体的导电能力增强。

⑤ PN 结的单向导电性是指 PN 结外加正向电压时处于导通状态，外加反向电压时处于截止状态。

1.1.2　半导体二极管

1. 二极管的基本结构

半导体二极管（简称二极管）的基本结构如图 1-9（a）所示，其核心部分是由 P 型半导体和 N 型半导体结合而成的 PN 结，从 P　半导体二极管的认知区和 N 区各引出一个电极，并在外面加管壳封装。二极管的电路符号如图 1-9（b）所示，由 P 端引出的电极是正极，用字母 A 表示，由 N 端引出的电极是负极，用字母 K 表示，箭头的方向表示正向电流的方向，VD 是二极管的文字符号。

（a）基本结构　　　　　　　　　　（b）电路符号

图 1-9　半导体二极管的基本结构和电路符号

2. 二极管的种类

按半导体材料来分类，常用的二极管有硅二极管、锗二极管和砷化镓二极管等。

按封装形式来分类，常见的二极管有金属、塑料和玻璃 3 种。

按工艺结构来分类，常用的二极管有点接触型、面接触型和平面型 3 种，如图 1-10 所示。

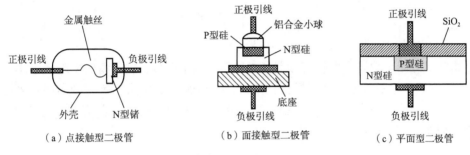

（a）点接触型二极管　　　　（b）面接触型二极管　　　　（c）平面型二极管

图 1-10　二极管的内部结构

点接触型二极管：PN 结面积小，结电容小，用于检波和变频等高频电路。

面接触型二极管：PN 结面积大，结电容大，用于低频大电流整流电路。

平面型二极管：PN 结面积大小可控，结面积大，用于大功率整流；结面积小，用于高频电路。

按照应用的不同，二极管分为整流、检波、开关、稳压、发光、光电、快恢复和变容二极管等。常用二极管的外形结构和电路符号如图 1-11 所示。

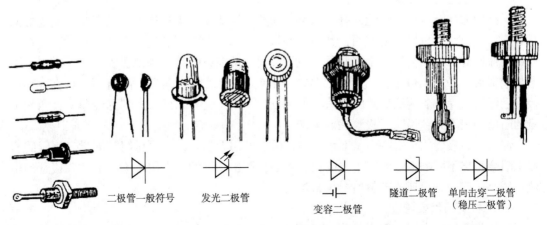

二极管一般符号　　发光二极管　　　变容二极管　　隧道二极管　　单向击穿二极管（稳压二极管）

图 1-11　常用二极管的外形结构和电路符号

3．二极管的测试

（1）外观判断二极管的极性

二极管有阴极（负极"－"）和阳极（正极"＋"）两个极性，其常用的判别方法有两种：外观判别法和万用表检测判别法。

二极管的正、负极性一般都标注在其外壳上。如图 1-12（a）所示，二极管的图形符号直接画在其外壳上，由此可直接看出二极管的正、负极；图 1-12（b）所示的二极管，其外壳上用色点做了标注（属于点接触型二极管），除少数二极管（如 2AP9、2AP10 等）外，一般标记色点的端为正极；图 1-12（c）所示的二极管，其外壳上用色环标注的端是二极管的负极端。

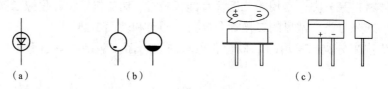

（a）　　　　　　　（b）　　　　　　　（c）

图 1-12　二极管的引脚极性

（2）万用表检测判断普通二极管的极性

将指针式万用表的红、黑表笔分别接二极管的两个电极，若测得的电阻值很小（几千欧以下），则黑表笔所接电极为二极管正极，红表笔所接电极为二极管的负极；若测得的阻值很大（几百千欧以上），则黑表笔所接电极为二极管负极，红表笔所接电极为二极管的正极，如图 1-13 所示。

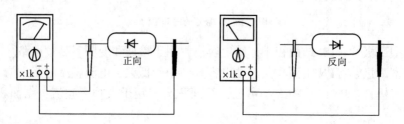

图 1-13　二极管的极性测试

（3）二极管性能好坏的判定

二极管的性能可分为性能良好、击穿、断路、性能欠佳 4 种情况。只有在性能良好的状态下，二极管才可以正常使用，其他 3 种状况，二极管都不能使用。

具体检测方法：使用万用表测量二极管的正、反向电阻时，若二极管的正、反向电阻值相差很大（数百倍以上），说明该二极管性能良好；若两次测量的阻值都很小，说明二极管已经被击穿；若两次测量的阻值都很大（→∞），说明二极管内部已经断路；两次测量的阻值相差不大，说明二极管性能欠佳。

注意：二极管的伏安特性是非线性的，因此使用万用表的不同电阻挡测量二极管的直流电阻会得出不同的电阻值。电阻的挡位越高，测出二极管的电阻越大，流过二极管的电流会较小，二极管呈现的电阻值会越来越大。

4．二极管的伏安特性

二极管两端的电压 U 及其流过二极管的电流 I 之间的关系曲线，称为二极管的伏安特性。其表达式为 $I = f(U)$，特性曲线如图 1-14 所示。

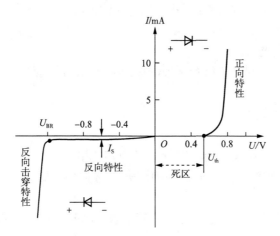

图 1-14　二极管的伏安特性曲线

（1）正向特性

当二极管所加正向电压比较小时（$0 < U < U_{th}$），二极管上流经的电流为 0，二极管处于截止状态，此区域称为死区，U_{th} 称为死区电压（门槛电压）。硅二极管的死区电压约为 0.6V，锗二极管的死区电压约为 0.1V。

二极管所加正向电压大于死区电压时，正向电流增加，二极管导通，电流随电压的增大而上升，二极管呈现的电阻很小，二极管处于正向导通状态。硅二极管的正向导通压降约为 0.7V，锗二极管的正向导通压降约为 0.3V。

（2）反向特性

二极管外加反向电压时，反向电流很小（$I \approx -I_S$），而且在相当宽的反向电压范围内，反向电流几乎不变，因此，此电流值称为二极管的反向饱和电流。二极管呈现的电阻很大，二极管处于截止状态。

（3）反向击穿特性

当反向电压的值增大到 U_{BR} 时，反向电压值稍有增大，反向电流就急剧增大，此现象称为反向击穿（即电击穿），U_{BR} 为反向击穿电压。

在电路中采取适当的限压措施，能保证电击穿不会演变成热击穿，从而避免二极管被损坏。

5. 二极管的温度特性

二极管是对温度非常敏感的器件。随温度升高，二极管的正向压降减小，正向伏安特性左移，即二极管的正向压降具有负的温度系数（约为 $-2\text{mV}/℃$）；温度升高，反向饱和电流增大，反向伏安特性下移，温度每升高 10℃，反向电流大约增加一倍。

6. 二极管的主要参数

（1）最大整流电流 I_F

最大整流电流 I_F 是指二极管长期连续工作时，允许通过二极管的最大正向电流的平均值。

（2）反向击穿电压 U_{BR}

反向击穿电压是指二极管击穿时的电压值。

（3）反向饱和电流 I_s

反向饱和电流是指管子没有被击穿时的反向电流值。其值愈小，说明二极管的单向导电性愈好。

（4）最高反向工作电压 U_{RM}

最高反向工作电压是保证二极管不被击穿而给出的最高反向电压。

7. 二极管的应用

（1）二极管的信号模型

① 理想模型

理想模型，是指在正向偏置时，其管压降为零，相当于开关的闭合。当反向偏置时，其电流为零，阻抗为无穷，相当于开关的断开。这种理想特性的二极管也称为理想二极管。

在实际电路中，当电源电压远大于二极管的管压降时，利用此模型分析是可行的。

② 恒压降模型

恒压降模型，是指二极管在正向导通时，其管压降为恒定值，且不随电流而变化。硅管的管压降为 0.7V，锗管的管压降为 0.3V。只有当二极管的电流 I_d 大于等于 1mA 时才是正确的。

在实际电路中，此模型的应用非常广泛。

（2）二极管的基本应用

二极管的运用基础是二极管的单向导电性，因此，在应用电路中，关键是判断二极管的导通或截止。其一般判断方法为：假设二极管从电路中断开，二极管两端正向开路电压是否大于其导通电压。若正向电压大于其导通电压，则二极管接入后必将导通；反之，二极管接入后必将处于截止状态。

① 二极管半波整流电路

普通二极管的应用范围很广，可用于开关、稳压、整流、限幅等电路。

在电子电路及其设备中，一般都需要稳定的直流电源供电。整流、滤波、稳压是实现单相交流电转换到稳定直流电压的 3 个重要组成部分。

整流电路是利用具有单向导电性能的整流元件，将正负交替变化的正弦交流电压转换成单方向的脉动直流电压。这里介绍的整流电路采用的是二极管的单向导电性，具体的半波整流电路及信号的输入、输出波形如图 1-15 所示。

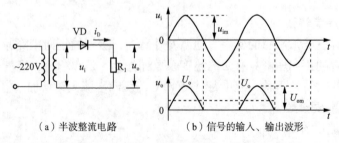

（a）半波整流电路　　　　（b）信号的输入、输出波形

图 1-15　半波整流电路及信号的输入、输出波形

② 二极管限幅电路

当输入信号电压在一定范围内变化时，输出电压也随着输入电压相应地变化；当输入

电压超过该范围时，输出电压保持不变，此电路称为限幅电路。输出电压开始不变的电压称为限幅电平，当输入电压高于限幅电平时，输出电压保持不变的限幅电路称为上限幅电路；当输入电压低于限幅电平时，输出电压保持不变的限幅电路称为下限幅电路；上、下限幅电路合起来，则组成双向限幅电路。

限幅电路可应用于波形变换、输入信号的幅度选择、极性选择和整形变形。

【例 1.1】 如图 1-16 所示的上限幅电路，输入电压的波形如图 1-17 所示。试分析电路输出电压情况并画出波形。

解：由图 1-16 可知，改变 E 值可以改变限幅电平。

$u_i \geq E + U_D = 3.7V$ 时，二极管 VD 导通，$u_o = 3.7V$，u_o 最大值限制在 3.7V；$u_i < 3.7V$，二极管 VD 截止，二极管支路开路，$u_o = u_i$，波形如图 1-17 所示。

限幅电路可以降低信号幅度，保护某些器件不因大的信号电压作用而被损坏。

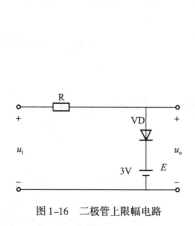

图 1-16 二极管上限幅电路

图 1-17 二极管上限幅电路输出波形

1.1.3 稳压二极管

稳压二极管又称为齐纳二极管，是一种硅材料制成的面接触型晶体二极管，简称稳压管，在电路中与电阻配合具有稳定电压的功能。图 1-18（a）所示为稳压管的电路符号。

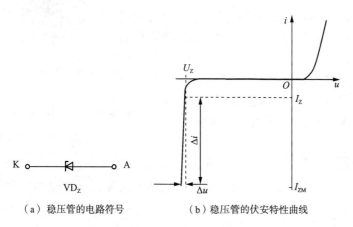

（a）稳压管的电路符号　　　（b）稳压管的伏安特性曲线

图 1-18 稳压管的电路符号和伏安特性曲线

稳压二极管

1. 稳压二极管的特性曲线

图 1-18（b）所示为稳压管的伏安特性曲线。从图中可以知道，在反向电压达到 U_Z 时，二极管由截止转向导通，此时的电流为最低稳压电流 I_Z。由于稳压管此时的动态电阻很小，电流在 I_Z 到 I_{ZM} 变化时，电压变化很小，基本上维持不变，因此起到了稳压的效果。

由于 PN 结具有反向击穿的特性，击穿时，载流子数目急剧增多，使半导体的电阻率非常小，从而电阻很小。

2. 稳压二极管的主要参数

（1）稳定电压 U_Z

稳定电压是指稳压管正常工作时，二极管两端的电压。不同型号的稳压管 U_Z 的范围不同，同种型号的稳压管也常因工艺上的差异而有一定的分散性。所以，U_Z 一般给出的是范围值，例如 2CW11 的 U_Z 在 3.2～4.5V（测试电流为 10mA）。当然，二极管（包括稳压管）的正向导通特性也有稳压作用，但稳定电压只有 0.6～0.8V，且随温度的变化较大，故一般不常用。

（2）稳定电流 I_Z

I_Z 是指稳压管正常工作时的参考电流。I_Z 通常在最小稳定电流 I_{Zmin} 与最大稳定电流 I_{Zmax} 之间。

（3）动态电阻 r_Z

r_Z 是指在稳压管正常工作的范围内，电压的微变量与电流的微变量之比。r_Z 越小，稳压管性能越好。

（4）最大耗散功率 P_{ZM}

最大耗散功率是指二极管不发生热击穿的最大耗散功率，$P_{ZM} = U_Z I_{Zmax}$。

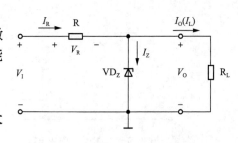

图 1-19　稳压管组成的稳压电路

3. 稳压电路

稳压管构成的稳压电路如图 1-19 所示。

1.1.4　发光二极管

1. 发光二极管的原理

发光二极管（Light-Emitting Diode，LED）是能将电信号转换成光信号的结型电致发光半导体器件。发光二极管的电路符号如图 1-20 所示。

发光二极管

发光二极管的伏安特性与普通二极管相似，但是它的正向导通电压较大，通常在 1.7～3.5V，同时发光的亮度随通过的正向电流增大而增强，典型工作电流为 10mA 左右，高强度为 50mA。

图 1-20　发光二极管的电路符号

2. 发光二极管的分类

（1）按发光管发光颜色分类

按发光管发光颜色分类，可分成红光、橙光、绿光（又细分黄绿、标准绿和纯绿）、蓝光等发光二极管。

（2）按发光管出光面特征分类

按发光管出光面特征分类，可分为圆灯、方灯、矩形灯、面发光管、侧向管、表面安装用微型管等。

（3）按发光二极管的结构分类

按发光二极管的结构分类有全环氧包封、金属底座环氧封装、陶瓷底座环氧封装及玻璃封装等。

（4）按发光强度和工作电流分类

按发光强度和工作电流分类有普通亮度的 LED（发光强度 < 10mcd）、超高亮度的 LED（发光强度 > 100mcd）和高亮度发光二极管（发光强度在 10 ~ 100mcd）。一般 LED 的工作电流在十几毫安至几十毫安，而低电流 LED 的工作电流在 2mA 以下（亮度与普通发光管相同）。

3. 万用表点亮发光二极管

使用万用表的二极管挡位，红表笔接发光二极管的正极，黑表笔接二极管的负极，此时发光二极管点亮；如果交换万用表的红黑表笔，发光二极管不亮。

发光二极管主要作为显示器件，可单独使用，如电源指示灯；也常做成七段或八段数码管，显示字符或数字；也可以组成矩阵式显示器。

1.1.5　光电二极管

1. 光电二极管的原理

光电二极管是将光信号变成电信号的半导体器件。它的核心部分也是一个 PN 结，和普通二极管相比，在结构上，为了便于接受入射光照，PN 结面积尽量大些，电极面积尽量小些，而且 PN 结的结深很浅，一般小于 1μm。

光电二极管是在反向电压作用下工作的。光电二极管是电子电路中广泛采用的光敏器件。光电二极管和普通二极管一样具有一个 PN 结，不同之处是在光电二极管的外壳上有一个透明的窗口以接收光线照射，实现光电转换，电路文字符号一般为 VD。

光电二极管

图 1-21　光电二极管的电路符号

光电二极管的电路符号如图 1-21 所示。

2. 光电二极管的工作状态

光电二极管一般有以下两种工作状态。

① 当光电二极管上加有反向电压时，二极管中的反向电流随光强变化而正比变化。

② 光电二极管上不加反压，利用 PN 结在受光照（包括可见光、不可见光）时产生正向压降的原理，作微型光电池使用。

光电二极管主要应用于各种光敏传感器、光电控制器中。

1.1.6　桥堆

1. 桥堆的结构特点

桥堆是由 4 只二极管构成的桥式电路，其外形结构和电路符号如图 1-22 所示。通常电流越大，桥堆的体积越大。

桥堆主要在电源电路中作整流用。它有 4 个引脚。标有 "~" 符号的两根引脚接在交流输入电压端，可以互换使用。标有 "+" "-" 符号的两个引脚用于接输出负载，其中 "+" 极端是输出直流电压的高电位端，"-" 极端是输出直流电压的低电位端，这两个引脚不能互换使用。

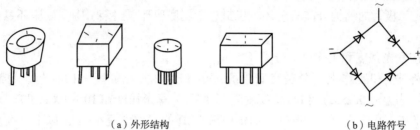

（a）外形结构 　　　　　　　　　　　（b）电路符号

图1-22　桥堆的外形结构和电路符号

2. 半桥堆

半桥堆由两只二极管串联构成，对外有 3 个引脚。两个半桥堆可连接成一个桥堆。

3. 桥堆的检测

（1）桥堆及半桥堆的故障现象

开路故障：当桥堆或半桥堆的内部有 1 只或 2 只二极管开路时，整流输出的直流压出现明显降低的故障。

击穿故障：若桥堆或半桥堆中有 1 只二极管被击穿，则会造成交流回路中的保险管被烧坏，电源发烫甚至被烧坏的故障。

（2）桥堆及半桥堆的检测方法

桥堆及半桥堆的检测原理：根据二极管的单向导电性特点，检测桥堆或半桥堆中的每一个二极管的正、反向电阻。对于桥堆有 4 对相邻的引脚，即要测量 4 次正、反向电阻；对于半桥堆有 2 对相邻的引脚，即要测量 2 次正、反向电阻。在上述测量中，若出现一次或一次以上开路（阻值为无穷大）或短路（阻值为零）的情况，则认为该桥堆已被损坏。测量时，选用万用表的 R×100 或 R×1k 欧姆挡。

1.2　半导体三极管及其基本应用

半导体三极管具有放大和开关作用，它有双极型和单极型两种类型。双极型半导体三极管被称为晶体管，有空穴和自由电子两种载流子导电，所以又被称为双极型晶体管；单极型半导体三极管通常被称为场效应晶体管（Field Effect Transistor，FET），简称场效应管，它由一种载流子参与导电，故被称为单极型晶体管。

1.2.1　三极管的特性

1. 晶体管的概念

半导体三极管由两个 PN 结（发射结和集电结）、三根电极引线（基极、发射极和集电极）及外壳封装构成。三极管除具有放大作用外，还能起电子开关、控制等作用，是电子电路与电子设备中广泛使用的基本元件。

三极管的结构

三极管的种类很多，各有不同的用途，其分类形式主要有以下几种。

① 按材料可分为硅三极管和锗三极管。

② 按结构可分为 NPN 型三极管和 PNP 型三极管。

③ 按功率可分为大功率三极管、中功率三极管和小功率三极管。通常装有散热或两引脚金属外壳的三极管是中功率或大功率的三极管。

④ 按工作频率可分为高频三极管和低频三极管。有的高频三极管有 4 根引脚，其中第 4 根引脚与三极管的金属外壳相连，接电路的公共接地端，主要起屏蔽作用。

⑤ 按用途可分为放大管、光电管、检波管、开关管等。

常用三极管的外形结构和电路符号如图 1-23 所示。

（a）外形结构　　　　　　　　（b）电路符号

图 1-23　常用三极管的外形结构和电路符号

2. 晶体管的结构与符号

晶体管具有放大作用是由其结构决定的，晶体管由两个 PN 结、3 个区、3 个引出电极构成，如图 1-24 所示。

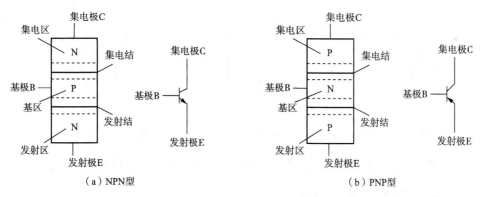

（a）NPN型　　　　　　　　　　　（b）PNP型

图 1-24　晶体管结构和电路符号

晶体管内部的 3 个区分别为集电区、基区和发射区，3 个区相比较基区最薄，发射区掺杂浓度最高，集电区面积最大。集电区和发射区虽然属于同一类型的掺杂半导体，但不能调换使用。与集电区相连接的 PN 结称为集电结，与发射区相连接的 PN 结称为发射结。由 3 个区引出的 3 个电极分别称为集电极 C、基极 B 和发射极 E。

按 3 个区的组成形式，晶体管可分为 NPN 型［如图 1-24（a）所示］和 PNP 型［如图 1-24（b）所示］两种。从电路符号上区分，NPN 型晶体管发射极箭头向外，PNP 型晶体管发射极箭头向里。发射极的箭头方向除了用来区分类型之外，更重要的是表示晶体管工作时，发射极电流的流动方向。

晶体管按所用的半导体材料可分为硅管和锗管；按功率可分为大、中、小功率管；按频率特性可分为低频管和高频管等。

3. 晶体管的测试

（1）判断晶体管的基极

对于功率在 1W 以下的中小功率管，可用万用表的 R×100 或 R×1k 欧姆挡测量，对于功率在 1W 以上的大功率管，可用万用表的 R×1 或 R×10 欧姆挡测量。

用黑表笔接触某一管脚，用红表笔分别接触另两个管脚，如表头读数都很小，则与黑表笔接触的管脚是基极，同时可知此晶体管为 NPN 型。若用红表笔接触某一管脚，而用黑表笔分别接触另两个管脚，表头读数同样都很小时，则与红表笔接触的管脚是基极，同时可知此晶体管为 PNP 型。用上述方法既判定了晶体管的基极，又判别了晶体管的类型。

（2）判断晶体管的发射极和集电极

以 NPN 型晶体管为例，确定基极后，假定其余的两只引脚中的一只是发射极，将黑表棒接到此脚上，红表笔则接到假定的集电极上。用手指把假设的集电极和已测出的基极捏起来（但不要相碰），看表针指示，并记下此阻值的读数。然后再作相反假设，即把原来假设为集电极的脚假设为发射极，作同样的测试并记下此阻值的读数。比较两次读数的大小，若前者阻值较大，说明前者的假设是对的，那么黑表棒接的一只引脚就是发射极，剩下的一只引脚便是集电极。判别晶体管发射极和集电极的电路和等效电路如图 1-25 所示。

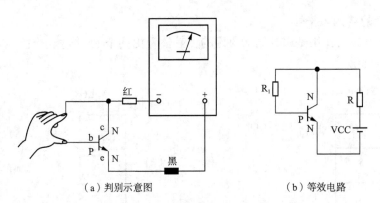

| （a）判别示意图 | （b）等效电路 |

图 1-25　判别晶体管发射极和集电极的电路和等效电路

若需判别是 PNP 型晶体管，仍用上述方法，但必须把表棒极性对调一下。

1.2.2　晶体管的工作原理

在前面引例中可以看到晶体管具有放大作用。为什么晶体管具有放大作用？下面以常用的 NPN 型晶体管为例进行讨论，如图 1-26 所示。

三极管的工作原理

晶体管要实现放大作用，其条件是发射结正偏，集电结反偏。如 NPN 型晶体管，$U_{BE} > 0$ 发射结正偏，$U_{CB} < 0$ 集电结反偏；PNP 型晶体管，$U_{BE} < 0$ 发射结正偏，$U_{CB} > 0$ 集电结反偏。

图 1-26（a）所示为 NPN 型晶体管放大工作必须提供的外部条件，图中的基极电源 E_B 使发射结正偏，集电极电源 $E_C > E_B$，使集电结反偏。晶体管内部载流子的运动规律如图 1-26（b）所示，图中载流子的运动方向是电子流方向，电子带负电荷。下面分析电子流的运动过程及各极电流的形成。

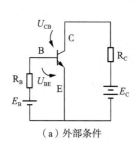
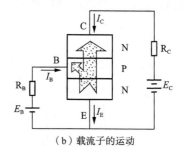

（a）外部条件　　　　　　　　（b）载流子的运动

图 1-26　电流分配

（1）发射区发射电子形成 I_E

发射结正偏，由于发射区掺杂浓度高而产生的大量自由电子，在外场的作用下，被发射到基区。两个电源的负极同时向发射区补充电子形成发射极电流 I_E，I_E 的方向与电子流方向相反。

（2）基区复合电子形成 I_B

发射区发射到基区的大量电子有很少一部分与基区中的空穴复合，复合掉的空穴由基极电源 E_B 正极补充形成基极电流 I_B。

（3）集电区收集电子形成 I_C

集电结反偏，在基区没有被复合掉的大量带负电荷的电子，在外加强电场 E_C 正极吸引力的作用下被收集到集电区，并流向集电极电源正极形成集电极电流 I_C。

根据 KCL 定律，3 个电流之间的关系为

$$I_E = I_B + I_C \tag{1-1}$$

如果发射结正偏压 U_{BE} 增大，发射区发射的载流子增多，I_B、I_C 和 I_E 都相应增大。通过实验可以验证：改变 U_{BE} 时，I_C 与 I_B 几乎是按一定的比例变化。其比值定义为 $\bar{\beta}$，称为晶体管的直流电流放大系数，一般为几十至上百。

$$\bar{\beta} = \frac{I_C}{I_B} \tag{1-2}$$

则有

$$I_C = \bar{\beta} I_B \tag{1-3}$$

$$I_E = I_B + I_C = I_B + \bar{\beta} I_B = (1 + \bar{\beta}) I_B \tag{1-4}$$

从式（1-3）和式（1-4）可见，当 I_B 有很小的变化时，就会导致 I_C 及 I_E 有较大的变化，这就是所谓晶体管的电流放大作用。这种放大作用的实质是一种电流的控制作用，即以很小的基极电流 I_B 控制较大的集电极电流 I_C。

1.2.3　晶体管的特性曲线

晶体管的伏安特性是指各电极间电压与电流的关系曲线。它是分析晶体管放大电路的重要依据。伏安特性可用晶体管图示仪测出，也可以通过实验的方法测得。下面以常用的 NPN 型晶体管共发射极

三极管的特性曲线

放大电路为例来讨论。伏安特性测试电路如图 1-27 所示。

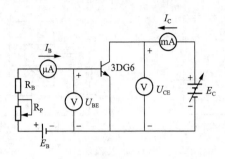

图 1-27 伏安特性测试电路

调节电位器 R_P，使输入电压 u_i 由零逐渐增大，见表 1-1，用万用表测出对应的 U_{BE}、U_{CE} 值，并计算出 I_C，记入表 1-1 中。

表 1-1 晶体管电压传输特性

u_i/V	0	1.0	2.0	2.6	3.0	3.6	4.0	1.0	7.0
U_{BE}/V									
U_{CE}/V									
I_C/mA									

1. 输入特性

输入特性是指在集射极之间电压 U_{CE} 为常数时，基极电流 I_B 与基射极之间电压 U_{BE} 的关系曲线 $I_B = f(U_{BE})$，如图 1-28（a）所示。

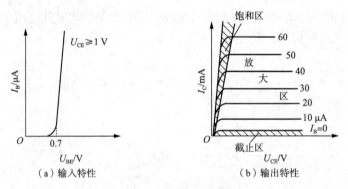

（a）输入特性　　（b）输出特性

图 1-28 伏安特性曲线

当 $U_{CE} \geq 1$ 时集电结反偏，晶体管可以工作在放大区，I_B 由 U_{BE} 确定。它和二极管的伏安特性曲线基本相同，也有一段死区，只有 U_{BE} 大于死区电压，才有 I_B 电流，晶体管才工作在放大区。在放大区，硅管的发射结压降 U_{BE} 一般取 0.7V，锗管的发射结压降 U_{BE} 一般取 0.3V。

2. 输出特性

输出特性是指在基极电流 I_B 为常数时，集电极电流 I_C 与集射极电压 U_{CE} 之间的关系曲线 $I_C = f(U_{CE})$，如图 1-28（b）所示。输出特性曲线可分为 3 个区，也就是晶体管的 3 种工作状态。

（1）放大区

输出特性曲线近似于水平的部分称为放大区。晶体管工作在放大区的条件是发射结正偏，集电结反偏，特点是 $I_C = \bar{\beta} I_B$。在放大区，当发射结 U_{BE} 一定时，I_B 为定值，发射到基区的电子数也是定值，当 $U_{CE} \geqslant 1$ 时集电结反偏，足以把基区没有复合的电子全部收集到集电极，所以 U_{CE} 再增加已没有更多的载流子参与导电。因此，在放大区 I_C 仅由 I_B 决定。

（2）截止区

$I_B = 0$ 曲线以下的区域称为截止区。晶体管处于截止区的条件是两个 PN 结均反偏，特点是 $I_B = 0$、$I_C = I_{CEO} \approx 0$，无放大作用。

（3）饱和区

输出特性曲线迅速上升和弯曲部分之间的区域称为饱和区。晶体管工作在饱和区的条件是两个 PN 结均正偏，特点是集电极与发射极之间的压降很小，$U_{CE} \leqslant 1V$，有 I_B 和 I_C，但 $I_C \neq \bar{\beta} I_B$。I_C 已不受 I_B 控制，无放大作用。

【例 1.2】在收音机的放大电路中，如果测得图 1-29 所示各管脚的电压值，问各晶体管分别工作在哪个区？

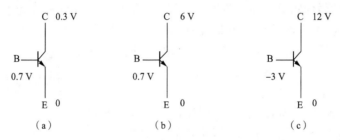

图 1-29　例 1.2 的图

解：分析这类问题主要是根据各极之间的电压来判断，图中均为 NPN 型晶体管。

图 1-29（a）$U_B > U_E$，$U_B > U_C$，两个 PN 结均正偏，晶体管工作在饱和区。

图 1-29（b）$U_B > U_E$，$U_B < U_C$，发射结正偏，集电结反偏，晶体管工作在放大区。

图 1-29（c）$U_B < U_E$，$U_B < U_C$，两个 PN 结均反偏，晶体管工作在截止区。

1.2.4　晶体管的主要参数

晶体管的参数是选择和使用晶体管的重要依据。

1. 电流放大系数 $\bar{\beta}$ 和 β

$\bar{\beta}$ 是静态电流放大系数，$\bar{\beta} = \dfrac{i_C}{i_B}$。

β 是动态电流放大系数，它是集电极电流变化量 Δi_C 与基极电流 Δi_B 的比值，即 $\beta = \dfrac{\Delta i_C}{\Delta i_B}$。$\beta$ 和 $\bar{\beta}$ 在数值上相差很小，一般情况下可以互相代替使用。

电流放大系数是衡量晶体管电流放大能力的参数。β 值过大会导致晶体管的热稳定性差，作放大用时 β 一般取 80 左右为宜。

2. 穿透电流 I_{CEO}

I_{CEO} 是当晶体管基极开路 $I_B = 0$ 时，集电极与发射极之间的电流，受温影响很大。I_{CEO}

越小，晶体管的温度稳定性越好。

3. 集电极最大允许电流 I_{CM}

晶体管的集电极电流 I_C 增大时，其 β 值将减小，I_C 的增大使 β 值下降到正常值 2/3 时的集电极电流，称为集电极最大允许电流 I_{CM}。

4. 集电极最大允许耗散功率 P_{CM}

P_{CM} 是晶体管集电结上允许的最大功率损耗，如果集电极耗散功率 $P_C > P_{CM}$，将烧坏晶体管。对于功率较大的晶体管，应加装散热器。集电极耗散功率为

$$P_C = U_{CE} I_C \qquad (1-5)$$

5. 反向击穿电压 $U_{(BR)CEO}$

$U_{(BR)CEO}$ 是晶体管基极开路时，集射极之间的最大允许电压。当集射极之间的电压大于此值，晶体管将击穿损坏。

1.2.5 光敏晶体管

1. 光敏晶体管的结构与外形

以接受光的信号而将其变换为电气信号为目的制成的晶体管称为光敏晶体管，也称为光电晶体管。光敏晶体管外形及电路符号如图 1-30 所示。一般光敏晶体管只引出两个引脚（E 和 C）极，基极 B 不引出，管壳上也开有方便光线射入的窗口。

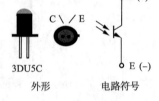

图 1-30 光敏晶体管外形及电路符号

2. 光敏晶体管的工作原理

与普通晶体管一样，光敏晶体管也有两个 PN 结，且有 PNP 型和 NPN 型之分。使用时，必须使发射结正偏，集电结反偏，以保证晶体管工作在放大状态。在无光照时，流过晶体管的电流为

$$I_C = I_{CEO} = (1+\beta) I_{CBO}$$

其中，I_{CBO} 为集电结反向饱和电流，I_{CEO} 为穿透电流。当有光照时，流过集电结的反向电流增大到 I_L，此时，流过晶体管的电流为

$$I_C = (1+\beta) I_L$$

因为光敏晶体管有电流放大作用，所以在相同的光照条件下，光敏晶体管的光电流比光电二极管约大 β 倍，通常 β 在 100~1000，可见，光敏晶体管比光敏二极管有更高的灵敏度。

光敏晶体管的部分参数与普通晶体管相似，如 I_{CM}、P_{CM} 等。其他主要参数还有暗电流、光电流、最高工作电压等。其中暗电流、光电流均指集电极电流，最高工作电压指集电极和发射极之间允许施加的最高电压。

3. 光敏晶体管的分类

① 从外观上可分为罐封闭型与树脂封入型，而各型又分别分为附有透镜的型式及单纯附有窗口的型式。

② 从半导体晶方材料来看，有硅与锗两种，大部分为硅。

③ 从晶方构造上，可分为普通晶体管型与达林顿晶体管型。

④ 按用途，可分为以交换动作为目的的光敏晶体管与需要直线性的光敏晶体管，但光敏三极管的主流为交换组件，需要直线性时，通常使用光敏二极管。

光电耦合器

1.2.6　光电耦合器

1. 光电耦合器的原理

光电耦合器是一种光电结合的半导体器件，是将一个发光二极管和一个光电三极管封装在同一个管壳内构成的。其电路符号如图1-31 所示。

当在光电耦合器的输入端加电信号时，发光二极管发光，光电三极管受到光照后产生光电流，由输出端引出，于是实现了电—光—电的传输和转换。

光电耦合器的主要特点是：以光为媒介实现电信号传输，输入端与输出端在电气上是绝缘的，因此能有效地抗干扰、隔噪声。此外，它还具有速度快、工作稳定可靠、寿命长、传输信号失真小等优点。因此，在电子技术中得到越来越广泛的应用。

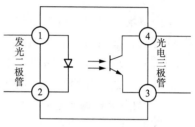

图 1-31　光电耦合器的电路符号

2. 光电耦合器的选用

选择光电耦合器应注意以下事项。

① 在光电耦合器的输入部分和输出部分必须分别采用独立的电源，若两端共用一个电源，则光电耦合器的隔离作用将失去意义。

② 当用光电耦合器隔离输入输出通道时，必须将所有的信号（包括数位量信号、控制量信号、状态信号）全部隔离，使得被隔离的两边没有任何电气上的联系，否则隔离没有意义。

1.3　场　效　应　管

场效应管是只有一种载流子参与导电，用输入电压控制输出电流的半导体器件。其按结构分为结型场效应管（Junction Field Effect Transiter，JFET）和绝缘栅型场效应管（Insulated Gate Field Effect Transiter，IGFET）。IGFET 也称为金属—氧化物—半导体场效应管（Metal Oxide Semiconductor FET，MOSFET）。

JFET 和 MOSFET 都有 N 沟道和 P 沟道两种导电类型，MOSFET 还有增强型（Enhancement MOS，EMOS）和耗尽型（Depletion MOS，DMOS）两大类。

1.3.1　MOSFET 结构与工作原理

1. N 沟道增强型 MOSFET 的结构与电路符号

N 沟道增强型 MOSFET 基本上是一种左右对称的拓扑结构，如图 1-32 所示。它是在 P 型半导体上生成一层 SiO_2 薄膜绝缘层，然后用光刻工艺扩散两个高掺杂的 N 型区，从 N 型区引出电极，一个是漏极 D，一个是源极 S。在源极和漏极之间的绝缘层上镀一层金属铝作为栅

MOSFET 结构与
工作原理

极 G。P 型半导体称为衬底，用符号 B 表示。可见这种场效应管由金属、氧化物和半导体组成，故称 MOSFET。由于栅极与源极之间均为无点接触，故称绝缘栅，栅极电流为 0。

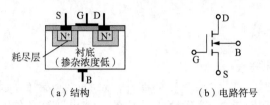

（a）结构　　　　　　　　　（b）电路符号

图 1-32　N 沟道增强型 MOSFET 的结构与电路符号

N 沟道增强型 MOSFET 电路符号如图 1-32（b）所示。图中衬底极的箭头是区别沟道类型的标志，如果将图 1-32（b）中的箭头反向，就变为 P 沟道增强型 MOS（PMOS）管的电路符号。场效应管电路符号中箭头的方向总是从 P 型半导体指向 N 型半导体，所以由箭头方向就可知衬底的类型，从而进一步判断沟道类型。

2. N 沟道增强型 MOSFET 的工作原理

由图 1-33（a）可知，当 $u_{GS}=0$ V 时，漏源之间相当两个背靠背的二极管，在 D、S 之间加上电压，不会在 D、S 间形成电流。

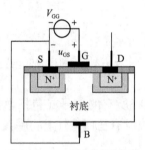
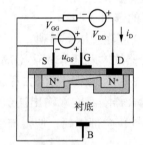

（a）$u_{GS}>u_{GS(th)}$ 时产生导电沟道　　　　（b）D、S 端外加电压时沟道中产生电流

图 1-33　N 沟道增强型 MOSFET 的导电沟道

当栅极加有电压时，若 $0<u_{GS}<U_{GS(th)}$ 时（$U_{GS(th)}$ 称为开启电压），在 u_{GS} 的作用下，将产生垂直于衬底表面的电场。这个电场将衬底中的电子吸引到表面层。耗尽层中的少数载流子将向表层运动，但数量有限，不足以形成沟道，所以仍然不能形成漏极电流 i_D。

进一步增加 u_{GS}，当 $u_{GS}>U_{GS(th)}$ 时，由于此时的栅极电压已经较强，在靠近栅极下方的 P 型半导体表层中聚集较多的电子，可以形成沟道，将漏极和源极沟通。如果此时加有漏源电压，如图 1-33（b）所示，就可以形成漏极电流 i_D。在栅极下方形成的导电沟道中的电子，因与 P 型半导体的载流子空穴极性相反，故称为反型层。随着 u_{GS} 的继续增大，i_D 将不断增大。u_{GS} 越大，导电沟道越厚，漏极电流越大。这种场效应管必须通过外加电压形成导电沟道，因此称为增强型。可见，场效应管是电压控制元件，因为改变栅源电压 u_{GS}，就能控制漏极电流 i_D 的大小。与场效应管不同，晶体管是电流控制元件，由 i_B 控制 i_C。

3. N 沟道增强型 MOSFET 的特性曲线

（1）转移特性

在 $u_{GS}=0$V 时 $i_D=0$，只有当 $u_{GS}>U_{GS(th)}$ 后才会出现漏极电流，这种 MOSFET 称为增强型 MOSFET。在漏极电源一定时，栅源电压 u_{GS} 对漏极电流的控制关系可用 $i_D=$

$f\left(u_{\mathrm{GS}}\right)\big|_{u_{\mathrm{DS}}=常数}$ 曲线描述，称为转移特性曲线，如图 1-34（a）所示。

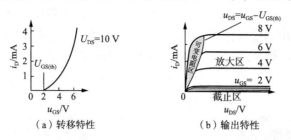

图 1-34　某 N 沟道增强型 MOSFET 的特性曲线

转移特性曲线斜率 g_{m} 的大小反映了栅源电压对漏极电流的控制作用。g_{m} 的量纲为 mA／V，所以 g_{m} 也称为跨导。跨导的定义式为 $g_{\mathrm{m}}=\dfrac{\Delta i_{\mathrm{D}}}{\Delta u_{\mathrm{GS}}}$。

（2）输出特性

当 $u_{\mathrm{GS}} > U_{\mathrm{GS(th)}}$，且固定为某一值时，分析漏源电压 u_{DS} 对漏极电流 i_{D} 的影响，即 $i_{\mathrm{D}}=f\left(u_{\mathrm{DS}}\right)\big|_{u_{\mathrm{GS}}=常数}$。不同的 u_{GS}，可得不同的函数关系，因此输出特性曲线是一簇曲线，如图 1-34（b）所示。根据工作特点，输出特性曲线可分为 3 个工作区域，即截止区、放大区和可变电阻区。

① 截止区：当 $u_{\mathrm{GS}} < U_{\mathrm{GS(th)}}$ 时，因为无导电沟道，所以 $i_{\mathrm{D}}=0$，场效应管截止。

② 放大区：指场效应管导通，且 u_{GS} 较大，满足 $u_{\mathrm{DS}} > u_{\mathrm{GS}}-U_{\mathrm{GS(th)}}$，曲线为一簇基本平行于 u_{DS} 轴的略上翘的直线，说明 i_{D} 基本上仅受 u_{DS} 控制而与 u_{DS} 无关。i_{D} 不随 u_{DS} 变化的现象在场效应管中称为饱和，所以这一区域又称为饱和区。在这一区域中，场效应管的 D、S 间相当于一个受 u_{GS} 控制的电流源，故又称为恒流区。场效应管用于放大电路时，一般工作在该区域，所以也称为放大区。

③ 可变电阻区（也称为非饱和区）：指场效应管导通，但 u_{DS} 较小的区域，伏安特性为一簇直线。说明当 u_{GS} 一定时，i_{D} 与 u_{DS} 呈线性关系，D、S 间等效为电阻；改变 u_{GS} 可改变电阻的斜率，也就控制了电阻值，因此 D、S 间可等效为一个受电压 u_{GS} 控制的可变电阻，所以称为可变电阻区。

4. N 沟道耗尽型 MOSFET 的工作原理

耗尽型场效应管与增强型场效应管的不同之处在于，制造时在二氧化硅绝缘层中掺入大量的正离子，使它有一个原始导电沟道。u_{GS} 上升，导电沟道加厚，漏极电流增大；u_{GS} 小于零时，导电沟道变薄，当 u_{GS} 达到某一负数值时，导电沟道消失，这一临界电压称为夹断电压 $u_{\mathrm{GS(off)}}$ 或 u_{P}。因为这种 MOSFET 通过外加电压可以改变导电沟道的厚薄，直至耗尽，所以称为耗尽型 MOSFET。

5. P 沟道 MOSFET 的工作原理

P 沟道增强型 MOSFET 和耗尽型 MOSFET 的结构与 N 沟道类似，使用时应注意电源的极性与电流的方向与 N 沟道相反。

1.3.2　结型场效应管结构与工作原理

结型场效应管的结构、工作原理与 MOSFET 不同，但也利用 u_{GS} 控制输出电流 i_{D}，其特性与 MOSFET 相似。

结型场效应管结构
与工作原理

结型场效应管只有 N 沟道和 P 沟道耗尽型两种，它们的结构和电路符号如图 1-35 所示。下面主要以 N 沟道为例说明。在同一块 N 型半导体上制作两个高掺杂的 P 区，并将它们连在一起，所引出的电极称为栅极 G，N 型半导体的两端分别引出两个电极，一个称为漏极 D，一个称为源极 S。P 区和 N 区的交界面形成耗尽层，漏极和源极间的非耗尽层区域称为导电沟道。

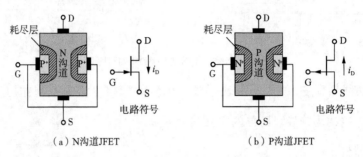

（a）N沟道JFET　　　　　　　　　　（b）P沟道JFET

图 1-35　结型场效应管的结构与电路符号

结型场效应管的栅极不是绝缘的，为了使场效应管呈现高输入电阻，栅极电流近似为零，应使栅极与沟道间的 PN 结反偏截止。因此，对于 N 沟道结型场效应管，栅极电位不能高于源极和漏极电位，要求 $u_{GS} \leq 0$，$u_{DS} > 0$。对于 P 沟道结型场效应管，栅极电位不能低于源极和漏极电位，要求 $u_{GS} \geq 0$，$u_{DS} < 0$。

为了便于比较，把各种场效应管的电路符号、电压极性、转移特性曲线对应地列在表 1-2 中。

表 1-2　各种场效应管的电路符号、电压极性、转移特性曲线

类型		N 沟道			P 沟道		
		MOS		结型	MOS		结型
		增强型	耗尽型	耗尽型	增强型	耗尽型	耗尽型
图形符号							
电压极性	u_{DS}	正			负		
	u_{GS}	正	正、负、零	负、零	负	正、负、零	正、零
放大区偏置条件		$u_{GS} > U_{GS(th)}$ $u_{DS} \geq u_{GS} - U_{GS(th)}$	$u_{GS} > U_{GS(off)}$ $u_{DS} \geq u_{GS} - U_{GS(off)}$		$u_{GS} < U_{GS(th)}$ $u_{DS} \leq u_{GS} - U_{GS(th)}$	$u_{GS} < U_{GS(off)}$ $u_{DS} \leq u_{GS} - U_{GS(off)}$	
转移特性							

实 践 项 目

实训 1.1 二极管极性，正、反向电阻的测量，管型和质量的识别

1. 工具器材

（1）仪表：万用表、兆欧表等。

（2）器材：二极管。

2. 实训流程

（1）在元件盒中取出两只不同型号（分别为硅管和锗管）的二极管，用万用表鉴别二极管的极性。

（2）将万用表拨到 R×10 或 R×1k 欧姆挡，测量取出二极管的正、反向电阻，并判断其性能好坏，把以上测量结果填入表 1-3 中。

表 1-3　二极管的测试结果

型号	阻值		电阻挡位	质量鉴别
	正向电阻	反向电阻		

3. 填一填

通过上述实训，可以得到下列结论。

二极管正向电阻 ＿＿＿＿（大/小），反向电阻 ＿＿＿＿（大/小），＿＿＿＿（具有/不具有）单向导电性。二极管正向导通时，导通电压降约为 ＿＿＿＿V。

4. 想一想

为什么用 R×10 或 R×1k 欧姆挡测量出二极管的正、反向电阻值不同？

实训 1.2 三极管的认知和管脚判断

1. 实训目的

（1）熟悉三极管的外形结构和标志方法。

（2）学会应用万用表检测三极管的引脚极性、三极管的类型并判断三极管性能的好坏。

2. 实训仪器和器材

（1）指针式万用表一块。

（2）各种类型的三极管若干，不同性能的三极管。

3. 实训内容与步骤

（1）判断原理

① 基极 B 和三极管类型的判断

将指针式万用表欧姆挡置"R×100"或"R×1k"处，先假设三极管某极为"基极"，并将黑笔接在假设的基极上，再将红表笔先后接到其余两个电极上，如果两次测得的电阻值都很大（或者都很小），约为几千欧至十几千欧（或约为几百欧至几千欧），而换表笔后测得的两个电阻值都很小（或很大），则可以确定假设基极是正确的。如果测得电阻值是一大一小，则可以肯定原假设的基极是错误的，这时必须重新假设另一电极为"基极"，再重复上述的测试。最多重复两次就可找到真正的基极。

　　当基极确定以后，将黑表笔接基极，红表笔分别接其他两极。此时，若测得的电阻值都很小，则该三极管为 NPN 型，反之，则为 PNP 型。

　　② 集电极 C 和发射极 E 的判断

　　下面以 NPN 型三极管为例，把黑表笔接到假设的集电极 C 上，红表笔接到假设发射极 E 上，并且用手捏住 B 和 C 极（不能使 B 和 C 直接接触），通过人体，相当于在 B 和 C 之间接入偏置电阻。读出表头所示 C、E 间的电阻值，然后将红、黑两表笔反接重测。若第一次电阻值比第二次小，说明原假设成立，黑表笔所接为三极管集电极 C，红表笔所接为二极管发射极 E，因为 C、E 间的电阻值小，说明通过万用表的电流大、偏置正常。

　　（2）操作步骤

　　① 根据拿到的三极管观察其结构外形。

　　② 根据上述判断基极 B 和三极管类型的原理先判断出基极和三极管的型号，填入表 1-4 中。

　　③ 再根据上述判断集电极和发射极的方法判断出集电极和发射极，填入表 1-4 中。

　　（3）试验结果

表 1-4　试验记录数据

类型	外型图及类型名称	① 脚	② 脚	③ 脚
NPN 型				
PNP 型				

本 章 小 结

　　1. 半导体有自由电子和空穴两种载流子参与导电，一种是带负电的自由电子，另一种是带正电的空穴，它们都可以运载电荷形成电流。本征半导体中，自由电子和空穴相伴产生，数目相同。

　　2. 一定温度下，本征半导体中电子空穴对的产生与复合相对平衡，电子空穴对的数目相对稳定。温度升高，激发的电子空穴对数目增加，半导体的导电能力增强。

　　3. PN 结也称为耗尽区、势垒区或阻挡层。它是构成半导体器件的核心，最主要的特性是单向导电性，即 PN 结外加正向电压时处于导通状态，外加反向电压时处于截止状态。

　　4. 半导体三极管是具有放大作用的半导体器件，根据结构及工作原理的不同可以分为双极型和单极型两种。

　　5. 晶体管是由两个 PN 结组成的三端器件，有 NPN 型和 PNP 型两类。根据偏置条件不同，晶体管有放大、截止、饱和等工作状态。

6. 晶体管是很常用的电子器件，除了掌握理论知识，学会其选用原则和检测方法也很重要，应通过晶体管使用知识的学习和技能训练，熟悉晶体管的应用并逐步提高电子电路测试能力。

7. 场效应管是只有一种载流子参与导电，用输入电压控制输出电流的半导体器件。其按结构不同，分为结型场效应管和绝缘栅型场效应管。IGFET 也称为金属—氧化物—半导体场效应管。

8. 结型场效应管和 MOSFET 都有 N 沟道和 P 沟道两种导电类型，MOSFET 还有增强型和耗尽型两大类。

自 我 测 试

一、选择题

1. 具有热敏特性的半导体材料受热后，半导体的导电性能将（　　）。
  A. 变好　　　　　B. 变差　　　　　C. 不变　　　　　D. 无法确定

2. P 型半导体是指在本征半导体中掺入微量的（　　）。
  A. 硅元素　　　　B. 硼元素　　　　C. 磷元素　　　　D. 锂元素

3. N 型半导体是指在本征半导体中掺入微量的（　　）。
  A. 硅元素　　　　B. 硼元素　　　　C. 磷元素　　　　D. 锂元素

4. PN 结加正向电压时，空间电荷区将（　　）。
  A. 变窄　　　　　B. 基本不变　　　C. 变宽　　　　　D. 无法确定

5. 二极管正向电阻比反向电阻（　　）。
  A. 大　　　　　　B. 小　　　　　　C. 一样大　　　　D. 无法确定

6. 二极管的导通条件（　　）。
  A. $u_D > 0$　　　B. $u_D >$ 死区电压　C. $u_D >$ 击穿电压　D. 以上都不对

7. 某晶体二极管的正、反向电阻都很小或为零时，则该二极管（　　）。
  A. 正常　　　　　B. 已被击穿　　　C. 内部短路　　　D. 内部开路

8. 用万用表欧姆挡测量小功率晶体二极管性能好坏时，应把欧姆挡拨到（　　）。
  A. $R \times 100$ 或 $R \times 1k$　　　　　B. $R \times 1$
  C. $R \times 10$　　　　　　　　　　　D. $R \times 100$

9. 在单相半波整流电路中，所用整流二极管的数量是（　　）。
  A. 4　　　　　　B. 3　　　　　　C. 2　　　　　　D. 1

10. 在整流电路中，设整流电流平均值为 I_0，则流过每只二极管的电流平均值 $I_D = I_0$ 的电路是（　　）。
  A. 单相桥式整流电路　　　　　B. 单相半波整流电路
  C. 单相全波整流电路　　　　　D. 以上都不行

11. 在本征半导体中加入（　　）元素可形成 N 型半导体，加入（　　）元素可形成 P 型半导体。
  A. 5 价　　　　　B. 4 价　　　　　C. 3 价

12. 当温度升高时，二极管的反向饱和电流将（　　）。
  A. 增大　　　　　B. 不变　　　　　C. 减小

13. 工作在放大区的某三极管，如果当 I_B 从 $12\mu A$ 增大到 $22\mu A$ 时，I_C 从 $1mA$ 变为 $2mA$，那么它的 β 约为（　　）。

    A. 83　　　　　　B. 91　　　　　　C. 100

14. 当场效应管的漏极直流电流 I_D 从 $2mA$ 变为 $4mA$ 时，它的低频跨导 g_m 将（　　）。

    A. 增大　　　　　B. 不变　　　　　C. 减小

二、填空题

1. 将交流电压 u_i 经单相半波整流电路转换为直流电压 U_o 的关系是_____。

2. 将交流 220V 经单相半波整流电路转换为直流电压的值为_____。

3. 在整流电路中，设整流电流平均值为 I_0，则流过每只极管的电流平均值 $I_D = I_0$ 的电路是_____。

4. 用万用表测量小功率二极管极性时，应选用_____。

5. 当万用表不同欧姆挡去测量二极管正反向电阻时，获得的结果差异较大，这是因为_____。

三、判断题

1. 纯净且呈现晶体结构的半导体，叫本征半导体。（　　）

2. 在本征半导体中掺入适量且适当的其他元素（叫杂质元素），就形成杂质半导体，其导电能力将大大增强。（　　）

3. 如果在 PN 结两端加上不同极性的电压，PN 结会呈现出不同的导电性能。（　　）

4. 本征半导体中，自由电子和空穴相伴产生，数目相同。（　　）

5. 三极管内部的 3 个区分别称为集电区、基区和发射区。（　　）

习　题

一、简答题

1. 半导体有哪些导电特性？

2. PN 结具有什么重要特性，什么条件导通，什么条件截止？

3. 当二极管正向导通时，硅管和锗管的正向导通压降值是多少？为什么会有导通压降？

4. 怎么用万用表判断二极管的好坏及正负极？

5. 用万用表测量二极管的正向电阻时，用 R×100 欧姆挡测出的电阻值比用 R×1k 欧姆挡测出的电阻值小，这是为什么？

6. 为什么二极管可以作为一个开关使用？

二、分析计算题

1. 在图 1-36 的各电路中，$E = 6V$，$u_i = 10\sin\omega t V$，二极管的正向压降可以忽略不计，试分别画出输出电压 u_o 的波形。

2. 在图 1-37 中，试求下列几种情况下的输出电压 U_F。① $U_A = U_B = 0V$；② $U_A = U_B = 3V$；③ $U_A = 0V$，$U_B = 3V$。管子导通压降忽略不计。

3. 电路如图 1-38 所示，已知 $u_i = 5\sin\omega t V$，二极管导通电压 $U_D = 0.7V$。试画出 u_i 与 u_o 的波形图，并标出幅值。

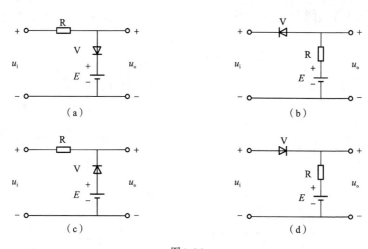

（a）　　　　　　　　　（b）

（c）　　　　　　　　　（d）

图 1-36

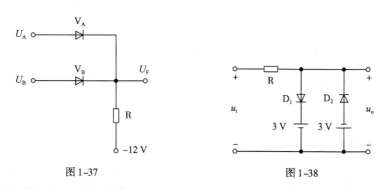

图 1-37　　　　　　　　　图 1-38

4. 图 1-39 所示是万用表中测量交流电压的整流电路，回答以下问题。

（1）电路是属于半波整流、全波整流还是桥式整流？

（2）标出使电表 M 的表针正向偏转的电表正、负端。

（3）若忽略电表内阻和二极管正向导通电阻，试计算当被测正弦交流电压为 260V（有效值）时，使电表满偏的电阻 R 的大小，已知表头的满偏电流为 100μA。

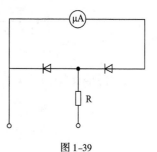

图 1-39

5. 已知单相桥式整流电路有 $r_{LC} = (3 \sim 6)\dfrac{T}{2}, f = 60\text{Hz}, u_2 = 26\sin\omega t\text{V}$

（1）估算负载电压 U_L，标出电容 C 上的电压极性。

（2）$r_L \to \infty$ 时，对 U_L 有什么影响？

（3）滤波电容 C 开路时，对 U_L 有什么影响？

（4）整流器中有一只二极管正、负极接反，将产生什么后果？

6. 已知图 1-40 所示电路中稳压管的稳定电压 $U_Z = 6\text{V}$，最小稳定电流 $I_{Z\min} = 5\text{mA}$，最大稳定电流 $I_{Z\max} = 25\text{mA}$。

（1）分别计算 U_I 为 10V、15V、35V 3 种情况下输出电压 U_o 的值。

（2）若 $U_I = 35\text{V}$ 时负载开路，则会出现什么现象，为什么？

7. 图 1-41 所示稳压电路，$U_o = 18\text{V}$，$I_{o\max} = 30\text{mA}$，电压波动 $\pm 10\%$，I_Z 的最小值不低

于 6mA，设 $U_2 = 36V$，问 R 值应选多大?

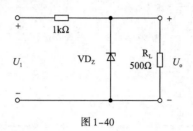

图 1-40

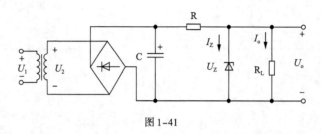

图 1-41

8. 电路如图 1-42 所示，T 的输出特性如图 1-43 所示，分析当 $u_I = 4V$、8V、12V 3 种情况下场效应管分别工作在什么区域。

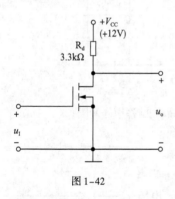

图 1-42

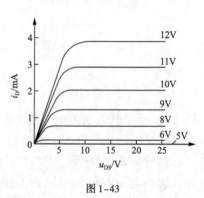

图 1-43

9. 分别判断图 1-44 所示各电路中的场效应管是否有可能工作在恒流区。

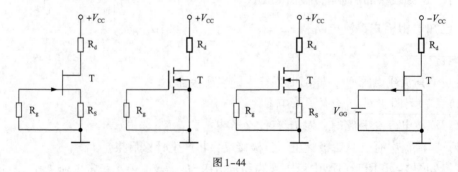

图 1-44

第 2 章　基本放大电路

学习目标

- 理解放大电路的组成原则；认识共射极基本放大电路，明确各组成元件的作用。
- 理解放大电路的工作原理；理解静态工作点在放大电路中的作用；理解共射极放大电路的倒相作用。
- 了解放大电路的性能指标。
- 会画直流通路和交流通路，能利用直流通路求电路的静态工作点。
- 理解设置静态工作点的重要性。
- 掌握用图解法分析截止失真和饱和失真现象。
- 了解差分电路抑制零点漂移的原理；掌握差模信号与共模信号的概念。
- 掌握甲乙类互补对称功率放大器的结构特点、工作原理。

2.1　基本放大电路的组成与工作原理

放大电路是模拟电路中最基本的一种典型电路。可以说，凡是需要将微弱的模拟信号放大的场合都离不开放大电路。生活中接触比较多的家电产品如电视机、收音机，工作中可能用到的精密测量仪表、复杂的自动控制系统等，其中都有各种各样不同类型、不同要求的放大电路。因此，放大电路是应用最广泛的模拟电路。另外，其他模拟电路，如模拟信号运算电路、波形发生电路，乃至直流电源等，从工作原理来说，都与放大电路有关，或者说，这些电路是在放大电路的基础上发展演变而来的。因此，放大电路是最基本的模拟电路。

扩音机的原理如图 2-1 所示。

图 2-1　扩音机的原理

微弱的声音经过话筒（传感器）被转换成电信号后，其能量很小，不能直接驱动扬声器（执行机构），因此，必须经放大电路放大为足够强的电信号，才能驱动扬声器，发出比人讲话大得多的声音。为了达到放大的目的，必须采用具有放大作用的电子器件。晶体管和场效应管便是常用的放大器件。

2.1.1　基本放大电路的组成

1. 放大的概念

所谓"放大"，从字面上看，似乎就是把一个小信号变为大信号。但这只是从表面现象看问题，没有抓住电子技术中"放大"的

基本放大电路的组成

实质。在这里"放大"的概念有其特定的含义。在电子电路中，仅仅把一个信号的幅度增大并不认为就是放大。

从电子技术的观点来看，首先，"放大"的本质是实现能量的控制，即用能量较小的输入信号控制另一个能源，从而使输出端的负载上得到能量较大的信号。负载上信号的变化规律是由输入信号决定的，而负载上得到的较大信号能量是由另一个能源提供的。例如，从收音机天线上接收到的信号能量非常微弱，需要经过一系列的处理和放大，才能驱动扬声器发出声音。我们从扬声器听到的声音，取决于从天线上接收的信号，但功率很大的音量，其能量的来源是另外一个直流电源。由上面的例子可以看出，电子技术中的"放大"实质是能量的控制作用。

其次，放大作用是针对变化量而言的。放大是输入信号有一个较小的变化量，而在输出端的负载上得到一个变化量较大的信号。如果一个输入量永恒不变，也就没有必要放大了，后面将要讨论放大电路的放大倍数，也就是输出信号与输入信号的变化量之比，决不能将输出端与输入端的直流量之比作为放大倍数。

2. 放大电路的组成原则

① 必须有直流电源，并且极性与晶体管类型配合，使晶体管处于放大状态，即发射结正向偏置，集电结反向偏置。

② 偏置电阻要与直流电源配合，以进一步保证晶体管工作在放大区。

③ 输入、输出回路的设置应当保证输入信号，能够进入晶体管的输入电极，放大后的电流信号能够转换成负载需要的电压形式从输出端输出。

④ 保证输出信号不出现非线性失真。

3. 放大电路的结构

正如放大电路是整个模拟电路的基础，其中的单管放大电路又是其他放大电路的基础。虽然实际使用的放大电路几乎都由多个放大级构成，基本见不到实用的单管电路，但是正如建造高楼大厦必须先打好地基一样，学习放大电路也要首先学习最简单的单管放大电路，从单管放大电路入手，学习放大的基本原理、放大电路的分析方法，在此基础上进一步学习多级放大电路，然后学习集成放大电路以及其他各种典型的模拟电路。

图 2-2 所示的放大器的基本电路中的负载电阻 R_L，并不一定是一个实际的电阻器，它可能是某种用电设备，如仪表、扬声器、显示器、继电器或下一级放大电路等。信号源也可能是一级放大电路，其中 $\dot{U}_S$ 为信号源电压，R_S 为信号源内阻。

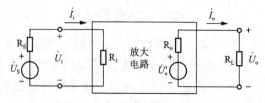

图 2-2　放大器的基本结构

共射极放大电路的主要作用是交流电压放大，将微弱电信号的幅度进行提升。其基本放大电路组成如图 2-3 所示。

4. 放大电路各元件的作用

三极管 VT：它是放大电路的核心元件，在电路中起电流放大作用，它的工作状态决定了放大电路能否正常工作。

集电极直流电源电压 V_{CC}：正端经 R_C 接三极管的集
电极，为集电结提供反向偏置。同时，它还为输出信号
提供能源。V_{CC} 一般为几伏至几十伏。

集电极负载电阻 R_C：它将三极管集电极电流的变化
转变为电压变化，以实现电压放大。R_C 的阻值一般为几
千欧。

基极偏置电阻 R_B：它为三极管发射结提供正向偏
置，产生一个大小合适的基极直流电流 I_B。调节 R_B 的阻

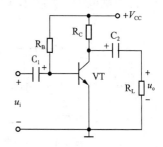

图 2-3　共射极基本放大电路

值可控制 I_B 的大小，I_B 过大或过小的放大电路都不能正常工作。R_B 一般为几十千欧至几百
千欧。

耦合电容 C_1 和 C_2：C_1 和 C_2 一方面起隔直作用，即利用 C_1（输入耦合电容）隔断放大
电路与信号源之间的直流通路；利用 C_2（输出耦合电容）隔断放大电路和负载 R_L 之间的
直流通路。另一方面耦合电容起耦合交流作用，如果适当选择这两个电容的电容量，可使
它们对交流信号的容抗很小，以保证信号源提供的交流信号能畅通地输入放大电路，放大
后的交流信号又能畅通地输入到负载 R_L。

【特别提示】

C_1 和 C_2 一般选用电解电容器，电容量为几十微法，使用时应特别注意它们的极性与实际
工作电压的极性是否相符合，若连接反了可能会引起 C_1 或 C_2 破裂。

2.1.2　基本放大电路的工作原理

在图 2-3 中，待放大的交流信号 u_i 加在放大电路的输入端。由
于 C_1 的通交流作用，可以认为 u_i 直接加在三极管 VT 的基极和发射
极之间，引起基极电流 I_B 作相应的变化，通过 VT 的电流放大作用，
VT 的集电极电流 i_C 也将变化，i_C 的变化使 R_C 上产生相应的电压变

基本放大电路的
工作原理

化，从而引起 VT 的集电极和发射极之间的电压 u_{CE} 变化，u_{CE} 中的交流分量 u_{CE} 经过 C_2 畅
通地输入到负载 R_L，成为输出交流电压 u_o。如果电路参数选择合适，就可使 u_o 的幅值远
大于 u_i 的幅值，实现电压放大作用。上述过程可归纳为

$$u_i \xrightarrow{\text{VT}} u_{BE} \xrightarrow{\text{VT}} i_B \xrightarrow{\text{VT}} i_C \xrightarrow{R_C} u_{CE} \xrightarrow{C_2} u_o$$

由此可见，放大电路是一个在输入信号 u_i 和直流电源电压 V_{CC} 共同作用下的非线性电
路。放大电路通常有两种工作状态，即静态和动态：静态分析常用估算法和图解法，动态
分析常用图解法和微变等效电路法。

2.2　基本放大电路的分析

2.2.1　单电源共射极基本放大电路的静态分析

1. 基本放大电路的性能指标

为了评价放大电路，通常需要若干性能指标。测试指标时，一般在放大器的输入端加

一个正弦测试电压，如图 2-4 所示。放大电路的主要技术指标有以下几项。

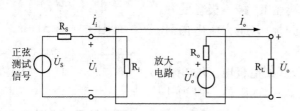

图 2-4　放大电路性能指标测试电路　　　　静态分析

（1）放大倍数

放大倍数是衡量一个放大电路放大能力的指标。放大倍数愈大，放大电路的放大能力愈强。

放大倍数定义为输出信号与输入信号的变化量之比。根据输入端、输出端所取的是电压信号或电流信号，放大倍数又分为电压放大倍数、电流放大倍数等。

① 电压放大倍数

测试电压放大倍数指标时，通常在放大电路的输入端加上一个正弦波电压信号，假设其有效值为 U_i，然后在输出端测得输出电压的有效值为 U_o，此时可用 U_o 与 U_i 之比来表示放大电路的电压放大倍数 A_u，即

$$A_u = \frac{U_o}{U_i}$$

考虑到输入信号通过放大电路时可能产生相位移，因此，严格地说，应该用输出电压和输入电压的相量 $\dot{U}_o$ 与 $\dot{U}_i$ 之比表示电压放大倍数。为了由浅入深地说明问题，这里只讨论中频时的情况，暂时不考虑放大电路的相位移，因此简单地用输出电压与输入电压的有效值之比表示电压放大倍数。

② 电流放大倍数

同理，可用输出电流的有效值 I_o 与输入电流的有效值 I_i 之比表示电流放大倍数 A_i，即

$$A_i = \frac{I_o}{I_i}$$

显然，上述电压放大倍数和电流放大倍数的表达式，必须在输出电压与输出电流基本上是正弦波，也就是说，放大电路无明显失真的前提下才有意义。这个前提同样适用于将要说明的各项指标。

（2）输入电阻

输入电阻衡量一个放大电路向信号源索取的电流的大小。对信号源为电压源而言，输入电阻愈大，放大电路向信号源索取的电流愈小，同时，输入回路的电流在信号源内阻 R_s 上的电压降也愈小，因此，放大电路输入端得到的电压与信号源电压 U_s 的数值愈接近。

放大电路的输入电阻是从电路的输入端看进去的等效电阻，如图 2-4 所示。可用输入电压与相应的输入电流的有效值之比表示输入电阻 R_i，即

$$R_i = \frac{U_i}{I_i}$$

（3）输出电阻

输出电阻是衡量一个放大电路带负载能力的指标。输出电阻愈小，放大电路的带负载

能力愈强。

输出电阻是从放大电路的输出端看进去的等效电阻，如图 2-4 所示。它的定义是，当输入端信号电压 U_s 等于零（但保留信号源内阻 R_S），输出端开路，即负载电阻 R_L 为无穷大时，外加的输出电压 U_o 与相应的输出电流 I_o 之比，即

$$R_o = \frac{U_o}{I_o} \Bigg|_{\substack{U_S = 0 \\ R_L = \infty}}$$

实际测试放大电路的输出电阻时，常常在输入端加上一个正弦信号电压 U_s，首先测出负载开路时的输出电压 U_o'，然后接上阻值已知的负载电阻 R_L，再测出此时的输出电压 U_o，由图 2-4 可得

$$U_o = \frac{R_L}{R_o + R_L} U_o'$$

于是可计算出放大电路的输出电阻为

$$R_o = \left(\frac{U_o'}{U_o} - 1 \right) R_L$$

由上式可见，当输出电阻较小时，在放大电路带上负载电阻 R_L 后，其输出电压 U_o 的值下降较少，即 U_o 值比较接近负载开路时的输出电压值 U_o'，说明该放大电路的带负载能力较强。在理想情况下，假设输出电阻 $R_o = 0$，则无论带上多大的负载电阻 R_L，输出电压 U_o 总是等于 U_o'。

（4）最大输出幅度

最大输出幅度用于衡量一个放大电路输出的电压（或电流）的幅值能够达到的最大限度，如果超出这个限度，输出波形将产生明显的失真。

最大输出幅度一般用电压的有效值表示，符号为 U_{omax}，也可以用电压峰—峰值表示。众所周知，一个正弦电压信号的峰—峰值是其有效值的 $2\sqrt{2}$ 倍。

（5）最大输出功率与效率

放大电路的最大输出功率，表示在输出波形基本不失真的情况下，能够向负载提供的最大输出功率，通常用符号 P_{om} 表示。

上文曾经提到，放大电路负载上得到的较大能量，是利用三极管的控制作用，将放大电路中直流电源的能量转换而来的。既然放大的过程实质上是两个能量转换的过程，因此存在两个转换效率的问题。对于那些输出功率较大的功率放大电路而言，效率的指标显得更为重要。我们把放大电路的最大输出功率 P_{om} 与直流电源消耗的功率 P_v 之比，定义为放大电路的效率 η，即

$$\eta = P_{om} / P_v$$

（6）失真系数

失真系数用于衡量一个放大电路的输出波形相对于其输入波形的保真能力。

由于电路中放大元件（晶体管、场效应管等）特性曲线的非线性，即使工作在放大区内，输出波形仍然难免出现或多或少的失真，这种失真称为非线性失真。当放大电路工作在大信号状态时，例如当输出信号接近或达到放大电路的最大输出幅度时，输出波形的非线性失真现象将更加明显。

因为放大电路存在着非线性失真，所以当输入一定频率的正弦波信号时，放大电路的输出波形中，除了由输入信号频率决定的基波成分外，还可能出现二次谐波、三次谐波甚

至更高谐波成分。失真系数 D 的定义是各次谐波总量与基波分量之比，即

$$D = \frac{\sqrt{B_2^2 + B_3^2 + \cdots}}{B_1}$$

上式中的 B_1、B_2、B_3 分别表示输出信号的基波、二次谐波、三次谐波的幅值。

（7）通频带

通频带是衡量一个放大电路对不同频率的输入信号适应能力的指标。

一般来说，因为放大电路中的放大元件本身存在极间电容，还有一些放大电路中存在电抗性元件，如电容、电感等，所以，在放大电路的输入端加上不同频率的信号时，测得的放大倍数也有所不同。通常在中间一段频率的范围内，各种电抗性元件的作用可以忽略，因此放大倍数基本不变，而当频率过高或过低时，放大倍数都将下降。放大倍数 A 与频率 f 的关系如图 2-5 所示。

我们把放大倍数下降到中频放大倍数 $0.707A_{um}$ 倍的两个点限定的频率范围定义为放大电路的通频带，用符号 f_{BW} 表示。

以上介绍了放大电路的几项主要技术指标，此外，在实际工作中还可能涉及放大电路的其他性能指标，如温度漂移、抗干扰能力、信号噪声比、允许工作温度范围等。

2. 直流通路与交流通路

为了便于对放大电路分别进行静态分析和动态分析，首先必须研究一下放大电路的直流通路和交流通路。我们可以根据放大电路的直流通路分析其静态工作点，根据交流通路分析其动态工作情况。

下面以图 2-6 中的单管共射极放大电路为例，讨论其直流通路和交流通路。

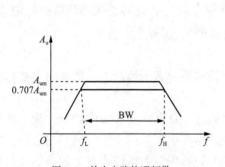

图 2-5　放大电路的通频带

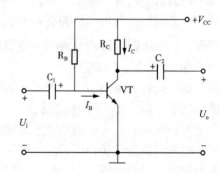

图 2-6　单管共射极放大电路

由于某些放大电路中存在着电抗性元件。因此，直流通路和交流通路是不同的。例如，对于电容来说，不允许直流信号通过，故电容在直流通路中相当于开路，电容对交流信号则呈现出一个容抗，其大小为 $X_c = 1/(\omega C)$。当电容足够大，交流信号在电容上的压降可以忽略，可在交流通路中将电容看作短路。又如，对于电感来说，理想的电感对直流信号相当于短路而对交流信号则呈现出一个感抗，其数值为 $X_L = \omega L$。另外，对于内阻为零的理想电压源，由于其电压变化量等于零，因此在交流通路中可视为短路。而对于内阻为无穷大的理想电流源，因为其电流变化量等于零，所以在交流通路中可视为开路。

根据上面的分析，可以分别画出图 2-6 中单管共射极放大电路的直流通路和交流通路。

如图 2-7 所示，在直流通路中，将图 2-6 中的隔直电容 C_1 和 C_2 看作开路，故输入信

号及输出端与放大电路之间的联系被断开，在交流通路中，隔直电容 C_1 和 C_2 被短路，交流输入电压直接加在三极管的基极上，集电极电压直接引到输出端。直流电源也被短路。

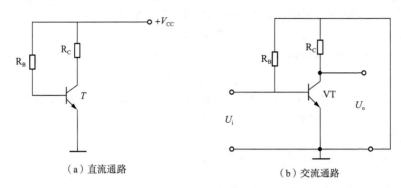

（a）直流通路　　　　　　　　（b）交流通路

图 2-7　单管共射极放大电路的直流通路和交流通路

有了直流通路和交流通路，我们就可以对放大电路进行静态分析和动态分析。常用的分析方法有图解法和微变等效电路法，有时也辅之一些简单、实用的近似算法。

3. 基本放大电路的静态分析

（1）静态

无输入信号（$u_i = 0$）时的电路状态称为静态。此时只有直流电源加在电路上，三极管各极电流和各极之间的电压都是直流量，分别用 I_B、I_C、U_{BE}、U_{CE} 表示，它们对应着三极管输入输出特性曲线上的一个固定点，习惯上称它们为静态工作点，简称 Q 点。静态分析就是要找出一个合适的静态工作点。

静态工作点可以由放大电路的直流通路来确定。直流通路指断开电容以后的电路，共射极基本放大电路的直流通路如图 2-8（a）所示。

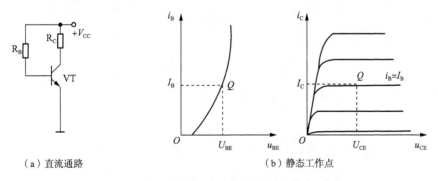

（a）直流通路　　　　　　　（b）静态工作点

图 2-8　共射极基本放大电路的直流通路和静态工作点

（2）静态工作点的估算

由图 2-8（a）的输入回路（$V_{CC} \rightarrow R_B \rightarrow B$ 极 $\rightarrow E$ 极 $\rightarrow$ 地）可知

$$V_{CC} = I_B R_B + U_{BE}$$

则

$$I_B = \frac{V_{CC} - U_{BE}}{R_B} \qquad (2\text{-}1a)$$

其中 U_{BE}，对于硅管约为 0.7V，锗管约 0.3V。由于一般 $V_{CC} \gg U_{BE}$，故式（2-1a）可近似为

$$I_B \approx \frac{V_{CC}}{R_B}$$ 　　　　　　　(2-1b)

在忽略 I_{CEO} 的情况下，根据三极管的电流分配关系可得

$$I_C \approx \beta I_B$$ 　　　　　　　(2-2)

由图2-8（a）的输出回路（V_{CC}→R_C→C极→E极→地）可知

$$U_{CE} = V_{CC} - I_C R_C$$ 　　　　　　　(2-3)

根据式（2-1）~式（2-3）可以估算出放大电路的静态工作点；在输入、输出特性曲线上的表示如图2-8（b）所示。

（3）图解法

用图解法确定放大电路的静态工作点的步骤如下。

① 作直流负载线

图2-9（a）所示电路是图2-8（a）直流通路的输出回路，由两部分组成（以 AB 两点为界），左边是非线性部分——三极管；右边是线性部分——由电源 V_{CC} 和 R_C 组成的外部电路。由于三极管和外部电路一起构成输出回路的整体，因此图2-9所示电路中的 I_C 和 u_{CE} 既要满足三极管的输出特性，又要满足外部电路的伏安特性。于是，根据这两特性曲线的交点便可确定 I_C 和 U_{CE}。

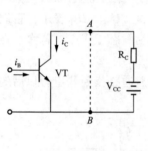

（a）输出回路

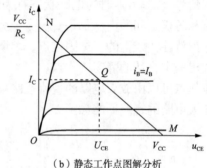

（b）静态工作点图解分析

图2-9　静态工作点的图解

由图2-9（a）可知，外部电路的伏安特性为

$$u_{CE} = V_{CC} - i_C R_C$$ 　　　　　　　(2-4)

令 $i_C = 0$ 时，$u_{CE} = V_{CC}$，在横轴上得 M 点（V_{CC}，0）；令 $u_{CE} = 0$ 时，$i_C = \frac{V_{CC}}{R_C}$，在纵轴上得 N 点（0，$\frac{V_{CC}}{R_C}$）。连接 M、N、得外部电路的伏安特性曲线，如图2-9（b）所示，其斜率为 $\tan\alpha = -\frac{1}{R_C}$（由集电极负载电阻 R_C 决定），故称之为输出回路的直流负载线。

② 求静态工作点

直流负载线与 $i_B = I_B$ 对应的那条输出特性曲线的交点 Q，即为静态工作点，如图2-9（b）所示。I_B 通常由式（2-1）进行估算。

【例2.1】试用估算法和图解法求图2-10（a）所示放大电路的静态工作点，已知该电路中的三极管 $\beta = 36.5$，直流通路如图2-10（b）所示，输出特性曲线如图2-10（c）所示。

解: (1) 用估算法求静态工作点

由式 (2-1) ~式 (2-3) 得

$$I_{\mathrm{B}} \approx \frac{V_{\mathrm{CC}}}{R_{\mathrm{B}}} = \frac{12}{300} = 0.04\mathrm{mA} = 40\mu\mathrm{A}$$

$$I_{\mathrm{C}} \approx \beta I_{\mathrm{B}} = 36.5 \times 0.04\mathrm{mA} \approx 1.5\mathrm{mA}$$

$$U_{\mathrm{CE}} = V_{\mathrm{CC}} - I_{\mathrm{C}}R_{\mathrm{C}} = 12 - 1.5 \times 4 = 6\mathrm{V}$$

(2) 用图解法求静态工作点

由 $u_{\mathrm{CE}} = V_{\mathrm{CC}} - i_{\mathrm{C}}R_{\mathrm{C}} = 12 - 4i_{\mathrm{C}}$ 可知 $i_{\mathrm{C}} = 0$ 时, $u_{\mathrm{CE}} = V_{\mathrm{CC}} = 12\mathrm{V}$, 得 M 点 (12, 0); $u_{\mathrm{CE}} = 0$ 时, $i_{\mathrm{C}} = V_{\mathrm{CC}}/R_{\mathrm{C}} = 12/4 = 3\mathrm{mA}$, 得 N 点 (0, 3)。

在输出特性曲线的坐标平面内找出 M、N 点, M、N 两点的直线与 $i_{\mathrm{B}} = I_{\mathrm{B}} = 40\mu\mathrm{A}$ 的输出特性曲线的交点, 即是静态工作点 Q。从曲线上可查出: $I_{\mathrm{B}} = 40\mu\mathrm{A}$, $I_{\mathrm{C}} = 1.5\mathrm{mA}$, $U_{\mathrm{CE}} = 6\mathrm{V}$。结果与估算法所得结果一致。

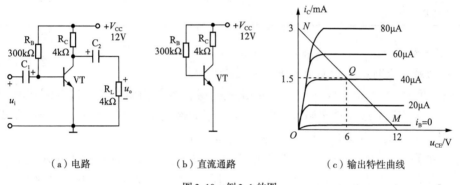

(a) 电路　　　　　　　(b) 直流通路　　　　　　(c) 输出特性曲线

图 2-10　例 2.1 的图

(4) 电路参数对静态工作点的影响

从以上分析可知, 静态工作点 Q 是输出回路的直流负载线与 $i_{\mathrm{B}} = I_{\mathrm{B}}$ 所对应的输出特性曲线的交点, 改变 R_{B}、R_{C} 或 V_{CC} 都可改变 Q 点。通常是通过改变 R_{B} 来调整静态工作点的。R_{B} 增大时, I_{B} 减小, 称 Q 点降低; R_{B} 减小时, I_{B} 增大, 称 Q 点抬高。当 Q 点过低时, 三极管趋向于截止; 当 Q 点过高时, 三极管趋向于饱和。此时三极管均会失去放大作用, 而使放大电路不能正常工作, 失去放大功能。实用中, 放大电路安装好后, 就是通过调节 R_{B} 来选择一个合适的静态工作点, 保证放大电路正常高效地工作。

【特别提示】

放大电路工作需要一个合适的静态工作点, 保证放大电路工作在放大区域。

2.2.2　基本放大电路的动态分析

放大电路输入端接入输入信号 u_{i} 后的工作状态称为动态。此时, 放大电路在输入电压和直流电源共同作用下工作, 电路中既有直流分量, 又有交流分量。三极管各极的电流和各极之间的电压都在静态值的基础上叠加了一个随输入信号 u_{i} 作相应变化的交流分量, 它们对应着三极管输入输出特性曲线上一个变化的点, 习惯上称之为动态工作点, 简称为工作点。动态分析就是要找出工作点随输入信号变化的规律, 进而确定放大电路的动态性能参数。

进行动态分析时, 为了方便, 规定用大写字母加大写角标表示直流分量; 用小写字母加小写角标表示交流分量的瞬时值，用大写字母加小写角标表示交流分量的有效值；用小写字母加大写角标表示交直流合成量。放大电路中各电压、电流的符号含义见表 2-1。

表 2-1　放大电路中各电压、电流的符号含义

电压或电流	直流分量	交流分量		交直流合成量
		瞬时值	有效值	
基极电流	I_B	i_b	I_b	i_B
集电极电流	I_C	i_c	I_c	i_C
发射极电流	I_E	i_e	I_e	i_E
集—射极电压	U_{CE}	u_{ce}	U_{ce}	u_{CE}
基—射极电压	U_{BE}	u_{be}	U_{be}	u_{BE}
输入电压		u_i	U_i	
输出电压		u_o	U_o	

1. 图解法

（1）负载开路时输入和输出电压、电流波形的分析

设输入信号为 $u_i = 0.02\sin\omega t$（V）的正弦信号，且其内阻为零。现以图 2-10 为例进行分析，它的静态工作点 Q 重新标在图 2-11 所示的输入输出特性曲线上，分析步骤如下。

① 根据 u_i 波形，在输入特性曲线上求 I_B 和 u_{BE} 的波形

当 u_i 加到放大电路输入端时，耦合电容 C_1 对交流信号频率的容抗比输入电阻小得多，可近似看作零，u_i 就叠加在 $U_{BE} = 0.7\text{V}$ 上。如图 2-11（a）所示，引起的基极电流变化范围为 $20 \sim 60\mu\text{A}$，即在静态 $I_B = 40\mu\text{A}$ 基础上变化 $\pm20\mu\text{A}$。

② 根据 I_B 波形，在输出特性曲线和直流负载线上求 I_C、u_{R_C} 和 u_{CE} 的变化

如图 2-11（b）所示，由于 R_C 和 V_{CC} 是固定的，所以 I_C 和 u_{CE} 必然沿着直流负载线变化，其变化轨迹为 $a \to b \to c \to d \to e$（如图中箭头所示）。对应可得 u_{R_C}（用斜线阴影表示）和 u_{CE}（水平阴影线表示）的波形，两者电压之和为 U_{CC}。

从图 2-11（b）可知，当 ωt 在 $0° \sim 180°$，交流分量信号：$u_i = u_{be}$、$i_c = \beta i_b$、$u_{R_C} = i_c R_C$ 的波形均为正半周；而 $u_{ce} = -I_c R_C$ 为负半周，故在数值上 u_{ce} 与 u_{R_C} 相同，而相位上 u_{ce} 与 u_{R_C} 相反，即与 u_i 相反。由此可知，共射极放大器由集电极作输出端，通过 C_2 把直流成分截除，仅让交流成分通过，输出电压与输入电压反相，具有倒相作用。

【特别提示】

共射极放大器由集电极作输出端，输出电压与输入电压反相，即当输入电压处在波峰时，输出电压为波谷。

为了进一步明确概念，现把上述情况各部分电流、电压综合于下。

$$u_i = 0.02\sin\omega t\,(\text{V})$$

$$u_{BE} = U_{BE} + u_{be} = 0.7\text{V} + 0.02\sin\omega t\,(\text{V})$$

$$i_B = I_B + i_b = 40\mu\text{A} + 20\,\sin\omega t\,(\mu\text{A})$$

$$i_C = I_C + i_c = 1.5\text{mA} + 0.8\,\sin\omega t\,(\text{mA})$$

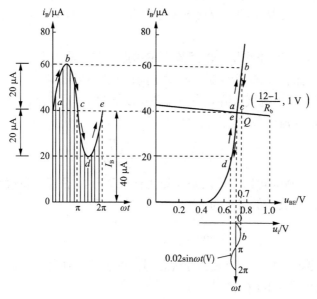

（a）u_{BE}、i_B 的波形

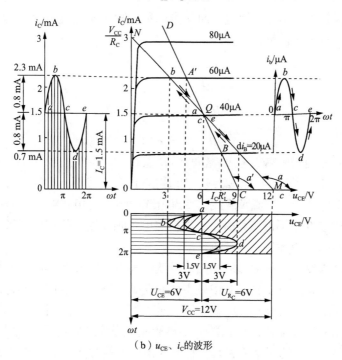

（b）u_{CE}、i_C 的波形

图 2-11　共射极放大电路波形

$$u_{R_C} = U_{R_C} + u_{r_c} = 6V + 3\sin\omega t\,(\text{V})$$

$$u_{CE} = U_{CE} + u_{ce} = 6V + 3\sin(\omega t - 180°)\,(\text{V})$$

$$u_o = u_{ce} = -I_c R_c = 3\sin(\omega t - 180°)\,(\text{V})$$

其中 $i_c = \beta i_b$，$u_{R_C} = i_c R_C$。

比较 u_o 与 u_i 可知：u_o 的幅度是 u_i 幅度的 150 倍，得到了很大的提升。

（2）带负载时输入和输出电压、电流波形分析

放大电路工作时，其输出端总要接上一定负载 R_L，下面来分析 R_L 对放大电路工作状态的影响。

① 由于电容 C_2 的隔直流作用，R_L 对静态工作点没有影响。

② 由于集电极电流 i_C 仅受 i_B 控制，R_L 对 i_C 的值几乎没有影响。

③ 在输出回路中，集电极电流 i_C 中交流分量既流过 R_C，也流过 R_L，故 R_C 和 R_L 的并联值称为放大电路的交流负载电阻 R_L'，即

$$R_L' = R_C \mathbin{/\mkern-5mu/} R_L = \frac{R_C R_L}{R_C + R_L}$$

④ 由于外接 R_L，放大电路输出回路交流工作状态不再沿直流负载线变化，而是沿交流负载线变化，交流负载线的斜率为

$$\tan\alpha' = -\frac{1}{R_L'} = -\frac{I_C}{I_C R_L'}$$

当交流信号过零时，放大电路相当于无信号时的直流工作状态，因此可知交流负载线必然过 Q 点，交流负载线的做法如下。

① 做出直流负载线 M、N，确定 Q 点。

② 在 u_{CE} 坐标轴上，以 U_{CE} 为起点向正方向取一段 $I_C R_L'$ 的电压值，得到 C 点。例如：根据图 2-11（b）所示的参数，可得

$$U_{CE} = 6\mathrm{V}$$

$$I_C = 1.5\mathrm{mA}$$

$$R_L' = R_C \mathbin{/\mkern-5mu/} R_L = \frac{4 \times 4}{4 + 4} = 2\mathrm{k\Omega}$$

$$I_C R_L' = 1.5 \times 2 = 3\mathrm{V}$$

即：由 U_{CE} 向正方向取 3V，在 9V 处即为 C 点。

③ CQ 作直线 CD，即为交流负载线，如图 2-11（b）所示。

从图 2-11（b）可知：交流负载线比直流负载线陡；在相同输入信号情况下，带负载 R_L 时输出信号电压幅度比不带负载时小，故输出电压幅度提升的倍数下降。

（3）放大电路的非线性失真

放大电路的基本要求是放大后的输出信号波形与输入信号波形尽可能相似，即失真要尽量小。引起失真的原因有多种，其中最主要的就是静态工作点位置不合适，使放大电路的工作范围超出了三极管特性曲线的线性区（放大区）范围，这种失真称为非线性失真。

图 2-12 中 Q_1 的位置偏低，在 i_{b1} 的负半周造成三极管发射结处于反向偏置而进入截止区，使 i_{c1} 的负半周和 u_{ce1} 的正半周失真，称为放大电路的截止失真。当把 R_B 调小时，I_B 增大，Q 点升高，就能够克服截止失真。图 2-12 中 Q_2 的位置偏高，在 i_{b2} 的正半周三极管进入饱和区，使 i_{c2} 的正半周和 u_{ce2} 的负半周失真，称为放大电路的饱和失真。当把 R_B 调大时，I_B 减小，Q 点降低，就能够克服饱和失真。

所以，要避免产生上述非线性失真，就必须正确地选择放大电路的静态工作点的位置。通常静态工作点应大致选在负载线的中央，如图 2-12 中的 Q 点，使静态时的集电极电压 U_{CE} 大致为电源电压 V_{CC} 的一半，此时放大器工作于三极管特性曲线上的线性范围，从而获得较大输出电压幅度，而波形上下又比较对称。因此，正确地设置静态工作点是调

试和设计放大电路最重要的一步。此外，输入信号的幅度不能太大，以避免放大电路的工作范围超过特性曲线的线性范围。在小信号放大电路中，此条件一般都能满足。图 2-13 是利用示波器观测的两种输出失真波形的显示。实用中，放大电路安装好后，通过调节 R_B 来选择一个合适的静态工作点，使放大电路不失真地工作。

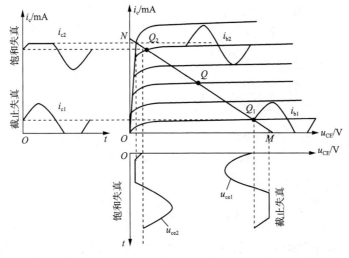

图 2-12　波形失真分析

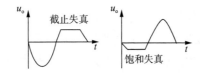

图 2-13　示波器观测输出的失真波形

【特别提示】

　　产生失真的原因有多种，其中最常见的原因是静态工作点设置不当和输入信号幅度较大，使放大电路的工作范围超出了三极管特性曲线的线性区。对 NPN 型三极管来说，正半周出现了平顶是截止失真；负半周出现了平顶是饱和失真。

2. 微变等效电路法

　　图解法的特点是可以直观、全面地了解放大电路的工作过程，既可以用于静态分析，又可以用于动态分析，尤其适用于分析大信号的工作情况，对初学者而言，有利于基本概念的理解和掌握。但这种方法分析的结果误差较大，也较麻烦，加之工程中一般只注重放大电路动态性能指标（A_u、R_I、R_o）的估算，因此，实用中微变等效电路法用起来更方便。

　　（1）三极管微变等效电路

　　图 2-14（a）所示为三极管输入特性曲线，它是非线性的。但是，在输入信号很小的情况下，可将静态工作点 Q 附近的工作段认为是直线，即 Δi_B 和 Δu_BE 成正比关系。我们把 Δu_BE 与 Δi_B 之比称为三极管的输入电阻，用 r_be 表示

$$r_\mathrm{be} = \frac{\Delta u_\mathrm{BE}}{\Delta i_\mathrm{B}}$$

在小信号情况下，微变量可用交流量来代替，即 $\Delta i_B = i_b$，$\Delta u_{BE} = u_{be}$，故有

$$r_{be} = \frac{u_{be}}{i_b}$$

因此，三极管的输入回路可用 r_{be} 来等效，如图 2-14（b）所示。

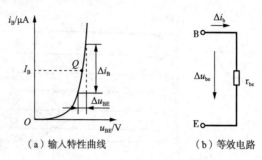

（a）输入特性曲线　　　　（b）等效电路

图 2-14　三极管输入回路等效电路

对于低频小功率管，r_{be} 可用式（2-5）估算，即

$$r_{be} = 300 + (1 + \beta)\frac{26(\text{mV})}{I_E(\text{mA})}(\Omega) \tag{2-5}$$

其中，I_E 为三极管发射极静态电流，r_{be} 的数值一般在几百欧到几千欧之间。需要说明的是：r_{be} 是动态电阻，只能用于计算交流量，式（2-5）的适用范围为 $0.1\text{mA} < I_E < 5\text{mA}$，否则将产生较大的误差。

图 2-15（a）是三极管的输出特性曲线，在 Q 点附近，特性曲线近似为一组与横轴平行的直线，且它们的间隔大致相等。这说明 β 近似为一常数，Δi_C 仅取决于 Δi_B，而与 Δu_{CE} 几乎无关，即 $\Delta i_C = \beta \Delta i_B$。因此，在小信号情况下，三极管的输出回路可以用一个受控电流源来等效，如图 2-15（b）所示。

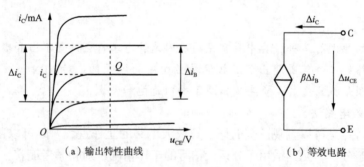

（a）输出特性曲线　　　　（b）等效电路

图 2-15　三极管输出回路等效电路

将输入回路等效电路与输出回路等效电路合起来，即为整个三极管的微变等效电路，如图 2-16 所示。

（2）放大电路微变等效电路

放大电路的微变等效电路就是用三极管的微变等效电路替代交流通路中的三极管。交流通路指：放大电路中耦合电容和直流电源作短路处理后所得的电路。因此，画交流通路的原则是：将直流电源短接；将输入耦合电容 C_1 和输出耦合电容 C_2 短接。图 2-3 的交流通路和微变等效电路如图 2-17 所示。

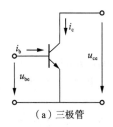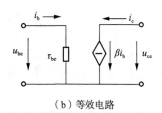

（a）三极管 　　　　　　（b）等效电路

图 2-16 三极管的微变等效电路

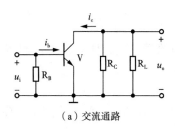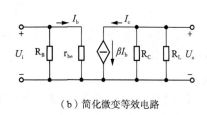

（a）交流通路 　　　　　　（b）简化微变等效电路

图 2-17 共射极基本放大电路的微变等效电路

（3）动态性能分析

实用中，放大电路的动态分析主要是确定放大电路的电压放大倍数、输入电阻和输出电阻等性能指标。用微变等效电路法进行动态性能分析的步骤为：首先画出放大电路的交流通路；其次用三极管的微变等效电路代替三极管，得到整个放大电路的微变等效电路；然后计算三极管的输入电阻 r_{be}；最后借助电路分析方法求解电压放大倍数、输入电阻和输出电阻。

① 电压放大倍数 A_u

电压放大倍数是放大电路的基本性能指标，定义为

$$A_u = \frac{U_o}{U_i} \tag{2-6}$$

由图 2-17（b）可知

$$U_i = U_{be} = I_b r_{be}$$
$$U_o = -I_C (R_C /\!/ R_L) = -\beta I_b R_L'$$
$$A_u = \frac{U_o}{U_i} = \frac{-\beta I_b R_L'}{I_b r_{be}} = -\beta \frac{R_L'}{r_{be}} \tag{2-7}$$

故共射极放大电路的电压放大倍数通常为几十到几百，且输出电压与输入电压相位相反。

② 输入电阻 R_i

输入电阻指从放大电路输入端（见图 2-18 AA' 端）看进去的等效电阻，定义为

$$R_i = \frac{U_i}{I_i} \tag{2-8}$$

R_i 不是一个真实存在的电阻，对信号源而言，它可以代替放大电路作为信号源的负载，也就是说整个放大电路相当于一个负载电阻 R_i，这一点应注意理解。

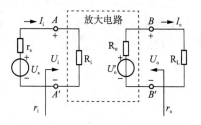

图 2-18 放大电路的输入电阻和输出电阻

由图 2-17（b）可知

$$R_i = \frac{U_i}{I_i} = r_{be} /\!/ R_B \qquad (2\text{-}9)$$

在 $R_B \gg r_{be}$ 时，$R_i \approx r_{be}$。故共射极放大电路的输入电阻近似为三极管的输入电阻，通常为几百欧到几千欧之间。需要说明的是：虽然 $R_i \approx r_{be}$，但两者物理意义不同，不能混同起来。

若考虑信号源内阻（如图 2-18 所示），则放大电路输入电压 U_i 是信号源 U_S 在输入电阻 R_i 上的分压，即

$$U_i = U_S \frac{R_i}{R_i + R_S} \qquad (2\text{-}10)$$

由此可见：R_i 越大，U_i 越接近 U_S，信号传递效率越高，所以输入电阻 R_i 是衡量信号源传递信号效率的指标。

【知识链接】

实用中，常采取一些措施来提高放大电路的输入电阻。一些电子测量仪器如电子示波器、晶体管毫伏表等均有很高的输入电阻。

③ 输出电阻 R_o

输出电阻指从放大器输出端（如图 2-18 所示 BB' 端）看进去的等效电阻，定义为

$$R_o = \frac{U_o}{I_o}$$

R_o 也不是一个真实存在的电阻。对负载而言，放大电路相当于一个具有内阻的信号源（如图 2-18 所示），输出电阻就是这个等效电源的内阻。输出电阻计算方法较多，常用的加压求流法要求将信号源短路、负载开路（如图 2-18 所示），然后在 BB' 端外加电压 U，求出在 U 作用下输出端的电流 I，则输出电阻为

$$R_o = \frac{U}{I} \qquad (2\text{-}11)$$

由于 R_o 的存在，使放大电路接上负载后输出电压为

$$U_o = U'_o - I_o R_o$$

由此可见：R_o 越大，负载变化（即 I_o 变化）时，输出电压的变化也越大，说明放大电路带负载能力弱；反之，R_o 越小，负载变化时输出电压变化也越小，说明放大电路带负载能力强。所以输出电阻是衡量放大电路带负载能力的指标。实用中，总是希望输出电阻小些。由图 2-18 可知

$$R_o = \frac{U_o}{I_o} = R_L \qquad (2\text{-}12)$$

故共射极放大电路的输出电阻近似为几千欧，其带负载能力较弱。

工程中，可用实验的方法求取输出电阻。在放大电路输入端加一正弦电压信号，测出负载开路时的输出电压 U'_o，然后再测出接入负载 R_L 时的输出电压 U_o，则有

$$U_o = \frac{U'_o}{R_o + R_L} R_L$$

$$R_o = (\frac{U'_o}{U_o} - 1) R_L \qquad (2\text{-}13)$$

其中，U'_o、U_o 是用晶体管毫伏表测出的交流有效值。

【例2.2】 图2-10（a）所示电路的交流通路和微变等效电路如图2-19所示，试用微变等效电路法求

① 动态性能指标A_u、R_i、R_o。

② 断开负载R_L后，再计算A_u、R_i、R_o。

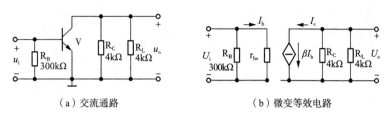

（a）交流通路 （b）微变等效电路

图2-19 例2.2的图

解：① 由【例2.1】可知

$$I_E \approx 1.5\text{mA}$$

故

$$r_{be} = 300 + (1+\beta)\frac{26\text{mV}}{I_E} = 300 + (1+37.5) \times \frac{26\text{mV}}{1.5\text{mA}} = 967\Omega$$

$$A_u = -\beta\frac{R_L'}{r_{be}} = -\frac{37.5 \times (4 /\!/ 4)}{0.967} = -78$$

$$R_i = R_B /\!/ r_{be} = 300 /\!/ 0.967 \approx 0.964\text{k}\Omega$$

$$R_o = R_C = 4\text{k}\Omega$$

② 断开R_L后

$$A_u = -\beta\frac{R_C}{r_{be}} = -\frac{37.5 \times 4}{0.967} \approx -156$$

$$R_i = R_B /\!/ r_{be} = 300 /\!/ 0.967 \approx 0.964\text{k}\Omega$$

$$R_o = R_C = 4\text{k}\Omega$$

由此可见：当R_L断开后，R_i、R_o不变，但电压放大倍数增大了。

2.2.3 分压偏置共射极放大电路

当温度变化、更换三极管、电路元件老化、电源电压波动时，都可能导致前述共射极放大电路静态工作点不稳定，进而影响放大电路的正常工作。在这些因素中，又以温度变化的影响最大。

因此，必须采取措施稳定放大电路的静态工作点。常用的办法有两种，一是引入负反馈；二是引入温度补偿。

1. 射极偏置电路

射极偏置电路是实用中普遍应用的一种稳定静态工作点的基本放大电路，它的偏置电路由基极偏置电阻R_{B1}、R_{B2}和发射极电阻R_E组成，又称为基极分压式射极偏置电路。其电路结构如图2-20（a）所示。

（1）各元件作用

① 基极偏置电阻R_{B1}、R_{B2}：R_{B1}、R_{B2}为三极管发射结提供正向偏置，产生一个大小合适的基极直流电流I_B，调节R_P的阻值，可控制I_B的大小。R的作用是防止R_P阻值调到零

时，烧坏三极管。习惯上，R_{B1} 称为上偏置电阻，R_{B2} 称为下偏置电阻，一般 R_{B1} 的阻值为几十千欧至几百千欧；R_{B2} 的阻值为几十千欧。

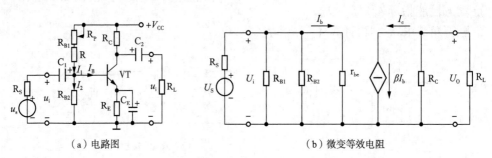

（a）电路图　　　　　　　　　　　（b）微变等效电阻

图 2-20　射极偏置电路

② 发射极电阻 R_E：引入直流负反馈稳定静态工作点，一般阻值为几千欧。

③ 发射极旁路电容 C_E：对交流而言，C_E 短接 R_E，使 R_E 对交流信号不起作用，确保放大电路动态性能不受影响。当 C_E 失容或断开时，放大电路的电压放大倍数将降低。一般 C_E 也选择电解电容，容量为几十微法。其他元件的作用如前所述。

（2）稳定工作点原理

① 利用 R_{B1} 和 R_{B2} 的分压作用固定基极 U_B

由图 2-20（a）可知，当选择 R_{B1}、R_{B2} 使 $I_2 \gg I_B$（硅管 $I_2 = 5\,I_B \sim 10I_B$；锗管 $I_2 = 10\,I_B \sim 20\,I_B$）时，则

$$I_1 = I_2 + I_B \approx I_2$$

$$U_B = I_2 R_{B2} = \frac{R_{B2}}{R_{B1} + R_{B2}} V_{CC} \tag{2-14}$$

式中，R_{B1}、R_{B2} 和 V_{CC} 都不随温度变化，所以基极电位 U_B 基本上为一固定值，且 I_2 越大于 I_B，U_B 越可以认为是固定的。

② 利用发射极电阻 R_E 产生反映 I_C 变化的 U_E，再引回到输入回路去控制 U_{BE}，实现 I_C 基本不变。

稳定的过程是：当温度 T 升高时，I_C 增大，I_E 亦增大，则发射极的电位 $U_E = I_E R_E$ 升高，由于 $U_{BE} = U_B - U_E$，而 U_B 已被固定，所以加在管子上的 U_{BE} 减小，使 I_B 自动减小，I_C 也随之自动减小，达到稳定静态工作点的目的。这个过程可简单表述如下：

$$T \uparrow \to I_C \uparrow \to I_E \uparrow \to U_E \uparrow \to U_{BE} \downarrow \to I_B \downarrow \to I_C \downarrow$$

从上述过程可以看出，R_E 越大，则在 R_E 上产生的压降越大，对 I_C 变化的抑制能力越强，电路稳定性能越好。若 R_E 足够大，使 $U_B \gg U_{BE}$ 成立时，则

$$U_B = U_{BE} + U_E \approx U_E$$

故

$$I_C \approx I_E = \frac{U_E}{R_E} \approx \frac{U_B}{R_E} \tag{2-15}$$

（3）静态分析

该电路的静态工作点一般用估算法来确定，具体步骤如下：

① 由式（2-14）：$U_B = \dfrac{R_{B2}}{R_{B1} + R_{B2}} V_{CC}$，求 U_B。

② 由式（2-15）：$I_E = \dfrac{U_B}{R_E}$，求 I_C、I_E。

③ 由 $I_C = \beta I_B$，求 I_B。

④ 由直流通路的输出回路得

$$I_C R_C + U_{CE} + I_E R_E = V_{CC}$$

即

$$U_{CE} = V_{CC} - I_C R_C - I_E R_E \approx V_{CC} - I_C(R_C + R_E) \tag{2-16}$$

故由式（2-16），求 U_{CE}。

（4）动态分析

该电路动态性能指标一般用微变等效电路来确定，具体步骤为：

① 画出微变等效电路，如图 2-20（b）所示。

② 求电压放大倍数 A_u、输入电阻 R_i、输出电阻 R_o。

比较图 2-20（b）和图 2-17（b）可知：射极偏置放大电路的动态性能与共发射极基本放大电路的动态性能一样。

【例 2.3】 在图 2-21 所示的电路中，三极管的 $\beta = 50$，试求：

① 静态工作点。

② 电压放大倍数、输入电阻、输出电阻。

③ 不接 C_E 时的电压放大倍数、输入电阻、输出电阻。

④ 若换用 $\beta = 100$ 的三极管，重新计算静态工作点和电压放大倍数。

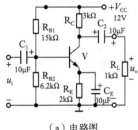
（a）电路图

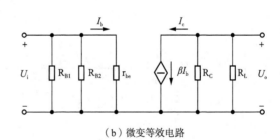
（b）微变等效电路

图 2-21　例 2.3 的图

解：① 求静工作点

$$U_B = \frac{R_{B2}}{R_{B1} + R_{B2}} V_{CC} = \frac{6.2}{15 + 6.2} \times 12 = 3.5\text{V}$$

$$I_C \approx I_E = \frac{U_B - U_{BE}}{R_E} = \frac{3.5 - 0.7}{2} = 1.4\text{mA}$$

$$I_B = \frac{I_C}{\beta} = \frac{1.4}{50} = 0.028\text{mA} = 28\mu\text{A}$$

$$U_{CE} \approx V_{CC} - I_C(R_C + R_E) = 12 - 1.4 \times (3 + 2) = 5\text{V}$$

② 求 A_u、R_i、R_o

由于

$$r_{be} = 300 + (1 + \beta)\frac{26(\text{mV})}{I_E(\text{mA})} = 300 + (1 + 50) \times \frac{26}{1.4} = 1.25\text{k}\Omega$$

$$R'_L = R_C \mathbin{/\mkern-5mu/} R_L = \frac{3 \times 1}{3 + 1} = 0.75\text{k}\Omega$$

故

$$A_u = -\beta \frac{R'_L}{r_{be}} = -50 \times \frac{0.75}{1.25} = -30$$

$$R_i = r_{be} \mathbin{/\mkern-5mu/} R_{B1} \mathbin{/\mkern-5mu/} R_{B2} = 1.25 \mathbin{/\mkern-5mu/} 15 \mathbin{/\mkern-5mu/} 6.2 = 0.97\text{k}\Omega$$

$$R_o \approx R_C = 3\text{k}\Omega$$

③ 计算不接 C_E 时的 A'_u、R'_i、R'_o

当射极偏置电路中 C_E 不接或断开时，R_E 将影响动态性能。此时交流通路如图 2-22（a）所示，图 2-22（b）所示为对应的微变等效电路。

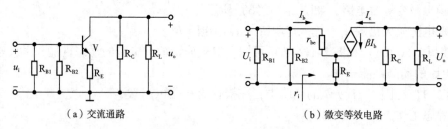

（a）交流通路　　　　　　　　　　（b）微变等效电路

图 2-22　不接 C_E 时的电路

由图 2-22（b）可得：

$$U_o = -I_o(R_C \mathbin{/\mkern-5mu/} R_L) = -I_C R'_L = -\beta I_b R'_L$$

$$U_i = I_b r_{be} + I_e R_E = I_b r_{be} + (1 + \beta) I_b R_E$$

故

$$A'_u = \frac{U_o}{U_i} = \frac{-\beta I_b R'_L}{I_b r_{be} + (1 + \beta) I_b R_E} = -\beta \frac{R'_L}{r_{be} + (1 + \beta) R_E} \tag{2-17}$$

$$R_i = \frac{U_i}{I_b} = \frac{I_b r_{be} + (1 + \beta) I_b R_E}{I_b} = r_{be} + (1 + \beta) R_E$$

$$R'_i = R_i \mathbin{/\mkern-5mu/} R_{B1} \mathbin{/\mkern-5mu/} R_{B2} = [r_{be} + (1 + \beta) R_E] \mathbin{/\mkern-5mu/} R_{B1} \mathbin{/\mkern-5mu/} R_{B2} \tag{2-18}$$

根据输出电阻的定义，可得用加压求流法计算输出电阻的等效电路如图 2-23 所示。从图可知 $I_b = 0$，所以

$$R'_o = \frac{U}{I} \approx R_C \tag{2-19}$$

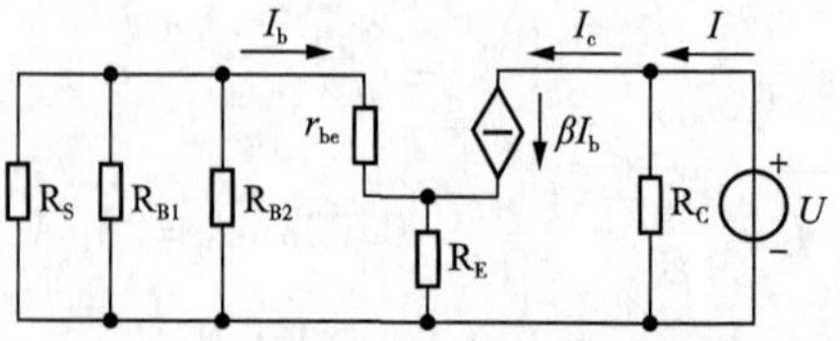

图 2-23　不接 C_E 时求输出电阻的等效电路

将有关数据分别代入式（2-17）～式（2-19）得

$$A'_u = -0.36$$

$$R'_i = 103.25\text{k}\Omega$$

$$R'_o = 3k\Omega$$

由此可见，电压放大倍数下降了很多，但输入电阻得到了提高。

④ 当改用 $\beta = 100$ 的三极管后，其静态工作点为

$$I_E = \frac{U_B - U_{BE}}{R_E} = \frac{3.5 - 0.7}{2} = 1.4mA$$

$$I_C \approx I_E = 1.4mA$$

$$I_B = \frac{I_C}{\beta} = \frac{1.4}{100} = 14\mu A$$

$$U_{CE} = V_{CC} - I_C(R_C + R_E) = 12 - 1.4 \times (3 + 2) = 5V$$

可见，在射极偏置电路中，虽然更换了不同 β 的管子，但静态工作点基本上不变。此时，

$$r'_{be} = 300 + (1 + \beta)\frac{26(mV)}{I_E(mA)} = 300 + (1 + 100) \times \frac{26}{1.4} = 2.2k\Omega$$

$$A_u = -\beta\frac{R'_L}{r'_{be}} = -100 \times \frac{0.75}{2.2} \approx -34$$

其结果与 $\beta = 50$ 时的放大倍数差不多。

2. 集–基耦合电路

集–基耦合电路如图 2-24 所示，它引入了直流电压负反馈实现稳定静态工作点。

当温度升高使 I_C 增大时，随着 I_C 的增大，集电极—发射极电压和相应的基极—发射极电压同时下降，使 I_C 自动减小，达到稳定静态工作点的目的。这个过程简单表述如下：

$$T\uparrow \to I_C\uparrow \to U_C\downarrow \to U_B\downarrow \to U_{BE}\downarrow \to I_B\downarrow \to I_C\downarrow$$

3. 温度补偿电路

温度补偿电路如图 2-25 所示。图 2-25（a）所示为用二极管温度补偿来实现稳定静态工作点的电路，二极管 VD₄、VD₅ 工作在正向导通状态。当温度升高时，I_C 增大；随着温度升高，VD₄、VD₅ 导通电压下降，导致 VT₂、VT₃ 的偏置电压也下降，I_C

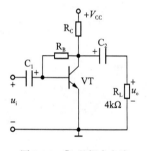

图 2-24　集–基耦合电路

自动减小，达到稳定静态工作点的目的。图 2-25（b）所示为用热敏电阻温度补偿来实现稳定静态工作点的电路。当温度升高时，I_C 增大；随着温度升高，电阻 R_{B2} 的阻值下降，导致基极—发射极电压也下降，I_C 自动减小，达到稳定静态工作点的目的。图 2-25（b）中 R_{B2} 为负温度系数的热敏电阻。若采用正温度系数的热敏电阻，只需将 R_{B1} 和 R_{B2} 位置对调一下即可。

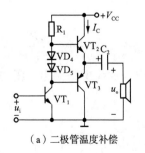

（a）二极管温度补偿

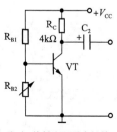

（b）热敏电阻温度补偿

图 2-25　温度补偿电路

2.2.4 共集电极放大电路

共集电极放大电路又称射极输出器，主要作用是交流电流放大，以提高整个放大电路的带负载能力，实用中，一般用作输出极或隔离极。

1. 电路组成

共集电极放大电路的电路图如图 2-26（a）所示。图 2-26（b）所示为其交流通路，由交流通路可见，基极是信号的输入端，发射极是信号的输出端，集电极则是输入、输出回路的公共端，所以是共集电极放大电路。各元件的作用与共发射极放大电路基本相同，只是 R_E 除具有稳定静态工作点外，还作为放大电路空载时的负载。

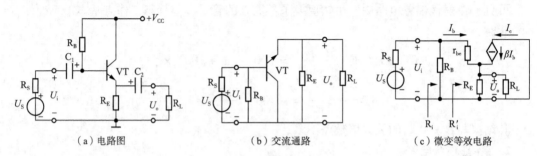

（a）电路图　　　　　　（b）交流通路　　　　　　（c）微变等效电路

图 2-26　共集电极放大电路

2. 静态分析

由图 2-26（a）可得方程

$$V_{CC} = I_B R_B + U_{BE} + (1 + \beta) I_B R_E$$

则

$$I_B = \frac{V_{CC} - U_{BE}}{R_B + (1 + \beta) R_E} \tag{2-20}$$

$$I_C = \beta I_B \tag{2-21}$$

$$U_{CE} = V_{CC} - I_E R_E \approx V_{CC} - I_C R_E \tag{2-22}$$

3. 动态分析

（1）电压放大倍数 A_u

由图 2-26（c）可知

$$U_i = I_b r_{be} + I_e R'_L = I_b [r_{be} + (1 + \beta) R'_L]$$

$$U_o = I_e R'_L = (1 + \beta) I_b R'_L$$

式中 $R'_L = R_E /\!/ R_L$

故

$$A_u = \frac{U_o}{U_i} = \frac{I_b (1 + \beta) R'_L}{I_b [r_{be} + (1 + \beta) R'_L]} = \frac{(1 + \beta) R'_L}{r_{be} + (1 + \beta) R'_L} \tag{2-23}$$

一般 $(1 + \beta) R'_L \gg r_{be}$，故 $A_u \approx 1$，即共集电极放大电路输出电压与输入电压大小近似相等，相位相同，没有电压放大作用。

（2）输入电阻 R_i

$$R'_i = \frac{U_i}{I_b} = \frac{I_b r_{be} + (1 + \beta) I_b R'_L}{I_b} = r_{be} + (1 + \beta) R'_L$$

故

$$R_i = R_B /\!/ R'_i = R_B /\!/ \left[r_{be} + (1+\beta) R'_L \right] \tag{2-24}$$

式（2-24）说明，共集电极放大电路的输入电阻比较高。

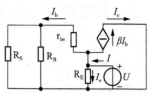

（3）输出电阻 R_o

将图 2-26（c）中信号源 U_S 短路，负载 R_L 断开得计算 R_o 的等效电路如图 2-27 所示。

图 2-27　计算输出电阻的等效电路

由图 2-27 可得：

$$I = I_e + I_b + \beta I_b = I_e + (1+\beta) I_b = \frac{U}{R_E} + (1+\beta) \frac{U}{r_{be} + R'_S}$$

式中　$R'_S = R_S /\!/ R_B$

故

$$R_o = \frac{U}{I} = R_E /\!/ \left(\frac{r_{be} + R'_S}{1+\beta} \right)$$

通常 $R_E \gg \dfrac{r_{be} + R'_S}{1+\beta}$ ，所以

$$R_o \approx \frac{r_{be} + R'_S}{1+\beta} = \frac{r_{be} + (R_S /\!/ R_B)}{1+\beta} \tag{2-25}$$

式（2-25）中，信号源内阻和三极管输入电阻 r_{be} 都很小，而管子的 β 值一般较大，所以共集电极放大电路的输出电阻比共发射极放大电路的输出电阻小得多，一般在几十欧左右。

【特别提示】

共集电极放大电路的主要特点是输入电阻高，传递信号源信号效率高；输出电阻低，带负载能力强；电压放大倍数小于 1 而接近于 1，且输出电压与输入电压相位相同，具有跟随特性。因而在实用中，广泛用作输出级或中间隔离级。

需要说明的是：共集电极放大电路虽然没有电压放大作用，但仍有电流放大作用，因而有功率放大作用。

【例 2.4】若图 2-26 电路中各元件参数为：$V_{CC} = 12V$，$R_B = 240k\Omega$，$R_E = 3.9k\Omega$，$R_S = 600\Omega$，$R_L = 12k\Omega$，$\beta = 60$，C_1 和 C_2 容量足够大，试求：A_u，R_i，R_o。

解：由式（2-20）得

$$I_B = \frac{V_{CC} - U_{BE}}{R_B + (1+\beta) R_E} \approx \frac{12}{240 + (1+60) \times 3.9} = 25\mu A$$

$$I_E \approx I_C = \beta I_B = 60 \times 25 = 1.5mA$$

因此 $r_{be} = 300 + (1+\beta) \dfrac{26mV}{I_E} = 300 + (1+60) \times \dfrac{26mV}{1.5mA} = 1.4k\Omega$

又 $R'_L = R_E /\!/ R_L = \dfrac{3.9 \times 12}{3.9 + 12} \approx 2.9k\Omega$

由式（2-23）~式（2-25）得

$$A_u = \frac{(1+\beta) R'_L}{r_{be} + (1+\beta) R'_L} = \frac{(1+60) \times 2.9}{1.4 + (1+60) \times 2.9} = 0.99$$

$$R_i = R_B /\!/ \left[r_{be} + (1+\beta) R'_L \right] = 240 /\!/ \left[1.4 + (1+60) \times 2.9 \right] = 102k\Omega$$

$$R_o \approx \frac{r_{be} + (R_S /\!/ R_B)}{1 + \beta} = \frac{1.4 \times 10^3 + (0.6 /\!/ 240) \times 10^3}{1 + 60} = 33\Omega$$

2.2.5 共基极放大电路

共基极放大电路主要作用是高频信号放大，频带展宽，其电路组成如图 2-28 所示。图中 R_{B1}、R_{B2} 为发射结提供正向偏置，公共端三极管的基极通过一个电容器接地，不能直接接地，否则基极上得不到直流偏置电压。输入端发射极可以通过一个电阻或一个线圈与电源的负极连接，输入信号加在发射极与基极之间（输入信号也可以通过电感耦合接入放大电路）。集电极为输出端，输出信号从集电极和基极之间取出。

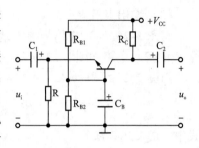

图 2-28 共基极放大电路

【特别提示】

由于在共基极放大电路的输入回路中有一个很大的发射极电流，所以共基极放大电路的输入电阻很小。反之，其输出电阻却较大。又因为输出端是集电极，输入端是发射极，所以共基极放大电路的电流放大系数小于 1。

三种组态基本放大电路性能比较见表 2-2。

表 2-2 三种组态基本放大电路性能比较

电路形式	共发射极放大电路	共集电极放大电路	共基极放大电路
电流放大系数	较大，例如 200	较大，例如 200	<1
电压放大倍数	较大，例如 200	<1	较大，例如 100
功率放大倍数	很大，例如 20000	较大，例如 300	较大，例如 200
输入电阻	中等，例如 5kΩ	较大，例如 50kΩ	较小，例如 50Ω
输出电阻	较大，例如 10kΩ	较小，例如 100Ω	较小，例如 10kΩ
输出与输入电压相位	相反	相同	相同

上面所给出的数据只适用于 NPN 型低频小功率管

2.3 差分及互补对称功率放大电路的分析

2.3.1 多级放大电路

1. 概述

一般多级放大电路的组成框图如图 2-29 所示。

根据信号源和负载性质的不同，对各级电路有不同的要求，输入级一般要求有尽可能高的输入电阻和低的静态工作电流；中间级主要提高电压放大倍数，一般选 2 ~ 3 级，级数过多易产生自激振荡，在音频应用中表现为"啸叫"；推动级（或称激励级）输出一定幅度的信号，推动功率放大电路工作；功放级则以一定功率驱动负载工作。

多级放大电路

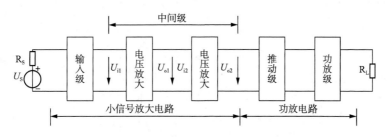

图 2-29 多级放大电路组成框图

2. 级间耦合

在多级放大电路中，每两个单级放大电路之间的连接方式称为级间耦合。实现耦合的电路称为级间耦合电路，其任务是将前级信号传送到后级。对级间耦合电路的基本要求是：不引起信号失真；尽量减小信号电压在耦合电路上的损失。目前，以阻容耦合（分立元件电路）和直接耦合（集成电路）应用最广泛。阻容耦合指用较大容量的电容连接两个单级放大电路的连接方式，其特点是各级静态工作点互不影响，电路调试方便，但信号有损失。直接耦合指用导线连接两个单级放大电路的连接方式，其特点是信号无损失，但各级静态工作点相互影响，电路调试麻烦。

（1）阻容耦合——通过电容将后级电路与前级相连接，如图 2-30 所示。

优点：

① 各级放大器静态工作点独立。由于电容器隔直流而通交流，所以它们的直流通路是相互隔离、相互独立的，这样就给设计、调试和分析带来了很大方便。

② 输出温度漂移比较小。

③ 在传输过程中，交流信号损失少。只要耦合电容选得足够大，则较低频率的信号也能由前级几乎不衰减地加到后级，实现逐级放大。

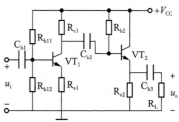

图 2-30 阻容耦合多级放大电路

④ 体积小，成本低。

缺点：

① 不适合放大缓慢变化的信号。

② 不便于做成集成电路。

③ 低频特性差。

④ 只能使信号直接通过，而不能改变其参数。

（2）直接耦合——将前级的输出端直接与后级的输入端相连接，如图 2-31 所示。

优点：

① 电路中无电容，便于集成化。

② 可放大缓慢变化的信号。

缺点：

① 各级放大器静态工作点相互影响。

② 输出温度漂移严重。

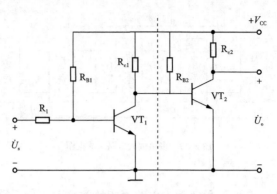

图 2-31　直接耦合多级放大电路

3. 多级放大电路分析

实用中，多级放大电路分析主要指确定电压放大倍数、输入电阻、输出电阻等动态性能指标。除功率放大电路外，其他组成部分都可用简化微变等效电路来分析、计算。

（1）多级放大电路电压放大倍数的计算

多级放大电路不论采用何种耦合方式和何种组态电路，从交流参数来看：前级的输出信号（如 U_{o1}）为后级的输入信号（如 U_{i2}）；而后级的输入电阻（如 R_{i2}）为前级的负载电阻。因此，由图 2-32 可知，两级电压放大器的放大倍数分别为：

$$A_{u1} = \frac{U_{o1}}{U_{i1}}$$

$$A_{u2} = \frac{U_{o2}}{U_{i2}}$$

由于 $U_{o1} = U_{i2}$，故两级放大电路总的电压放大倍数为：

$$A_u = \frac{U_{o2}}{U_{i1}} = \frac{U_{o1}}{U_{i1}} \times \frac{U_{o2}}{U_{i2}}$$

即

$$A_u = A_{u1} \times A_{u2} \tag{2-26}$$

该式可推广到 n 级放大电路，即

$$A_u = A_{u1} A_{u2} \cdots\cdots A_{un} \tag{2-27}$$

可见，多级放大电路总的电压放大倍数等于各级电路电压放大倍数的乘积。在计算单级放大电路电压放大倍数时，把后一级的输入电阻作为本级的负载即可。

（2）多级放大电路的输入电阻和输出电阻

多级放大电路的输入电阻即为第一级放大电路的输入电阻；多级放大电路的输出电阻即为最后一级（第 n 级）放大电路的输出电阻。

故

$$R_i = R_{i1} \tag{2-28}$$

$$R_o = R_{on} \tag{2-29}$$

【例 2.5】两级阻容耦合放大电路如图 2-32 所示，各元件参数为：$V_{CC} = 12\text{V}$，$R_{B1} = 100\text{k}\Omega$，$R_{B2} = 39\text{k}\Omega$，$R_{C1} = 5.7\text{k}\Omega$，$R_{E1} = 2.2\text{k}\Omega$，$R'_{B1} = 82\text{k}\Omega$，$R'_{B2} = 47\text{k}\Omega$，$R_{C2} = 2.7\text{k}\Omega$，$R_{E2} = 2.7\text{k}\Omega$，$R_L = 3.9\text{k}\Omega$，$r_{be1} = 1.4\text{k}\Omega$，$r_{be2} = 1.3\text{k}\Omega$，$\beta_1 = \beta_2 = 50$。

求：电压放大倍数、输入电阻和输出电阻。

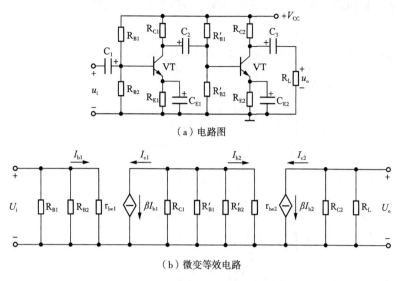

（a）电路图

（b）微变等效电路

图 2-32　两级阻容耦合放大电路

解：由于 $R_{L1} = R'_{B1} /\!/ R'_{B2} /\!/ r_{be2} = 82 /\!/ 47 /\!/ 1.3 \approx 1.3 \text{k}\Omega$

$$R'_{L1} = R_{C1} /\!/ R_{L1} = 5.7 /\!/ 1.3 \approx 1.06 \text{k}\Omega$$

由式（2-7）得

$$A_{u1} = -\beta_1 \frac{R'_{L1}}{r_{be1}} = -50 \times \frac{1.06}{1.4} = -37.9$$

而

$$R'_{L2} = R_{C2} /\!/ R_L = 2.7 /\!/ 3.9 \approx 1.6 \text{k}\Omega$$

$$A_{u2} = -\beta_2 \frac{R'_{L2}}{r_{be2}} = -50 \times \frac{1.6}{1.3} = -61.5$$

故

$$A_u = A_{u1} A_{u2} = -37.9 \times (-61.5) = 2330.85$$

由式（2-28）、式（2-29）得

$$R_i = R_{i1} = R_{B1} /\!/ R_{B2} /\!/ r_{be1} = 100 /\!/ 39 /\!/ 1.4 \approx 1.4 \text{k}\Omega$$

$$R_o = R_{C2} = 2.7 \text{k}\Omega$$

当多级放大电路的电压放大倍数很高时，可用增益来衡量放大电路的放大能力。增益的定义为

$$G_u = 20 \lg |A_u|$$

增益的单位为分贝（dB）。由上式可知：电压放大倍数每增加 10 倍，增益增加 20dB。

4. 多级放大电路的频率特性

　　放大电路接收信号的类型很多，有电台播音中的语言和音乐信号、仪表测量信号、电视图像和伴音信号，以及各种波形信号等。这些信号并不是单一频率，包含着许多频率不同的正弦波，从几赫到几兆赫。前述动态分析时，把电容作短路处理，在一定频率内是正确的。当频率范围较大时，由于电容的容抗（$X_C = \dfrac{1}{2\pi f C}$）是频率的函数，$X_C$ 不能再作短路处理。此时，X_C 对信号的传输和放大将产生影响，这种影响可用幅频特性和相频特性来衡量。幅频特性指放大电路的电压放大倍数与频率之间的关系。相频特性指输出电压相对于输入电压的相位移（相位差）φ 与频率之间的关系。幅频特性和相频特性统称为频率特性或频率响应。单级阻容耦合放大电路的频率特性如图 2-33 所示。

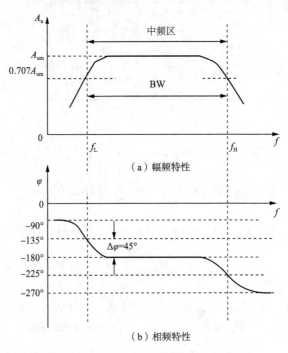

（a）幅频特性

（b）相频特性

图 2-33　单级阻容耦合放大电路的频率特性

由图 2-33 可知：放大电路在某一段频率范围内，电压放大倍数 A_u 与频率无关，输出信号相对于输入信号的相位移为 180°（倒相）；随着频率的升高或降低，电压放大倍数都要下降，相位移也要发生变化。当电压放大倍数 A_u 下降到 $0.707A_{um}$ 时，所对应的两个频率，分别称下限频率 f_L 和上限频率 f_H，这两个频率之间的频率范围，称为放大电路的通频带（BW，简称为带宽）。

低频段电压放大倍数下降的主要原因是：① 耦合电容的容抗随频率降低而增大，在输入端耦合电容上压降增大，传送到三极管基极和发射极之间的信号电压减小；② 在输出端耦合电容上压降增大，造成实际送给负载上的信号减小；③ 发射极旁路电容上交流压降增大，三极管基极和发射极之间的信号减小。

高频段电压放大倍数下降的主要原因是：三极管的 β 值随频率升高而减小；当频率高到一定程度时，三极管极间电容和分布电容（相当于并联在放大器的输入端和输出端）的容抗随频率升高而减小，对交流信号的分流作用增大。

两级阻容耦合放大电路的频率特性如图 2-34 所示，它是将每一级放大电路的频率特性叠加而成。多级放大电路的频率特性可用类似的方法获得。

【特别提示】

随着频率的升高或降低，电压放大倍数都要下降，相位移也要发生变化。

2.3.2　差分放大电路的基础知识

基本差分放大电路由两个完全对称的共发射极单管放大电路组成，如图 2-35 所示。该电路的输入端是两个信号的输入，这两个信

差分放大电路的
基础知识

号的差值，为电路有效输入信号，电路的输出是对这两个输入信号之差的放大。差分放大电路利用电路参数的对称性和负反馈作用，有效地稳定静态工作点，以放大差模信号抑制共模信号为显著特征，广泛应用于直接耦合电路和测量电路的输入级。差分放大电路有双端输入双端输出、双端输入单端输出、单端输入双端输出和单端输入单端输出 4 种类型。

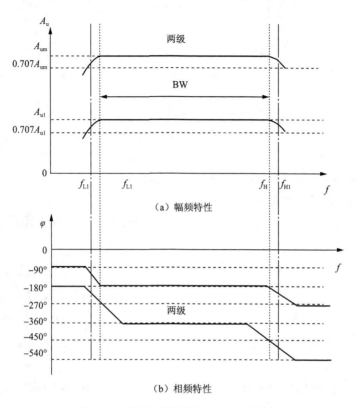

（a）幅频特性

（b）相频特性

图 2-34　两级阻容耦合放大电路的频率特性

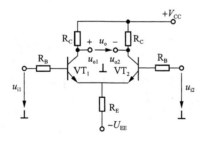

图 2-35　差分放大电路

2.3.3　双端输入双端输出差分放大电路的分析

1. 静态分析

双端输入双端输出差分放大电路的直流通路如图 2-36 所示。

$$I_{BQ} = \frac{U_{EE} - U_{BE}}{R_B + 2(1+\beta)R_E} \qquad (2-30)$$

$$I_{C1} = I_{C2} = I_{CQ} = \beta I_{BQ} \qquad (2-31)$$

双端输入双端输出差分
放大电路的分析

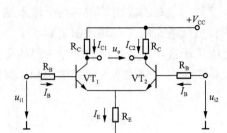

图 2-36　直流通路

$$U_{E1} = U_{E2} = 2I_E R_E - U_{EE} \qquad (2-32)$$

$$U_{C1} = U_{C2} = V_{CC} - I_{CQ} \times R_C \qquad (2-33)$$

$$U_{CE1} = U_{CE2} = U_{C1} - U_{E1} \qquad (2-34)$$

$u_o = 0$（无输入，无输出，电路完全对称的理想情况）

2. 双端输入双端输出动态分析

（1）差模输入：当输入信号 $u_{i1} = -u_{i2}$ 时，电路差模输入。画交流通路，如图 2-37、图 2-38 所示。

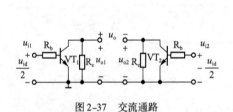

图 2-37　交流通路

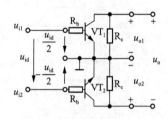

图 2-38　整理后的交流通路

将交流通路中的三极管用微变等效电路代替，画出差分电路的微变等效电路，如图 2-39 所示。

$$A_{ud} = \frac{u_{od}}{u_{id}} = \frac{u_{o1} - u_{o2}}{u_{i1} - u_{i2}} = \frac{2u_{o1}}{2u_{i1}} = A_{ud1} = A_{ud2} = \frac{-\beta R'_L}{R_b + r_{be}} = \frac{-\beta (R_c \mathbin{/\mkern-5mu/} \frac{R_L}{2})}{R_b + r_{be}} \qquad (2-35)$$

在差模信号作用下，差动电路的放大倍数相当于单管共射电路的放大倍数，即差动电路用两倍的器件换来对零点漂移的抑制作用。

$$r_{id} = 2\left(R_b + r_{be}\right) \qquad (2-36)$$

$$R_{od} = 2R_c \qquad (2-37)$$

（2）共模输入：$u_{ic} = u_{i1} = u_{i2}$（见图 2-40）

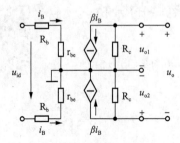

图 2-39　微变等效电路

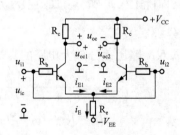

图 2-40　共模输入差动电路

交流通路（只画出了半边电路交流通路）如图 2-41 所示。

根据交流通路可画出微变等效电路，如图 2-42 所示。

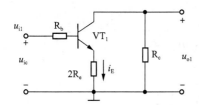

图 2-41 交流通路（半边电路）

图 2-42 微变等效电路（半边电路）

共模电压放大倍数：

$$A_{uc} = \frac{u_{oc}}{u_{ic}} = \frac{u_{o1} - u_{o2}}{u_{ic}} = 0 \tag{2-38}$$

$$R_{ic} = 2 \left(R_b + r_{be} + 2 \left(1 + \beta \right) R_e \right) \tag{2-39}$$

$$r_{oc} = 2R_c \tag{2-40}$$

R_e 电阻引入负反馈作用，在差模输入时，该电阻没有反馈作用。

3. 输入输出方式的分析

求解动态参数的关键是针对差模参数和共模参数，应分别画出微变等效电路进行计算。差模和共模微变等效电路的主要区别是对 R_e 的处理不同：在差模等效电路中，双端输入时 R_e 视为短路；单端输入时 R_e 视为开路。在共模信号作用下对单边电路而言，发射极等效电阻为 $2R_e$。

虽然差动放大电路有 4 种接法，且有 3 种不同的输入信号。由于单端输入可以转换为双端输入；比较输入可以看成是差模输入和共模输入的叠加。实际分析计算时，只需考虑两种情况：差模信号作用下的双入—双出、双入—单出；共模信号作用下的双入—双出、双入—单出。

（1）双端输入与单端输入

前面我们学习了任意输入下的信号分解，所以，如果一个信号为 0，我们同样可以分解为一对差模信号和一对共模信号，电路放大差模，抑制共模，因此，无论是双端输入还是单端输入，对于电路没有任何影响。

（2）双端输出和单端输出的放大倍数

前面分析了双端输出的情况，其放大倍数和单管放大倍数相同。但是，如果单端输出，则输出将变为原先的一半，因此，单端输出时，放大倍数将变成双端输出的一半。只是两个计算中 R_L' 含义不同，一个是 R_L 的一半与 R_C 并联（双端输出），一个是 R_L 与 R_C 并联（单端输出）。

（3）共模信号作用下，单端输出和双端输出时抑制零点漂移的原理

在共模信号作用下，发射极电阻 R_E 等效到单管电路相当于 $2R_E$。

双端输出时，因为电路对称，共模信号引起两个输出端的信号变化相同，它们比较（相减）使输出为 0，从而达到抑制零点漂移（零漂）的目的。当然电路不会绝对对称，所以，在差动电路中，在两管发射极间可引入电位器 R_p，该电阻的目的就是使电路尽可能的对称。其阻值一般很小，在几十欧姆到几百欧姆之间，如图 2-43 所示。

单端输出，当电路输入共模信号时，发射极电阻 R_E 等效到单管电路后，相当于 $2R_E$，

对于单端输出，虽然不能相减，但存在负反馈，能够起到抑制零漂的作用，如果想增加该效果，可以继续增大 R_E，但是，电阻 R_E 的增大，将会增加对电源要求，为了不影响电源，通常用恒流源代替电阻 R_E 相当于将电阻增大到无穷，而电路电源又不用继续增大，因此单端输出时一般使用恒流电源差动电路。

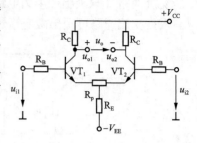

图2-43　发射极引入电位器的差动电路

2.3.4　乙类双电源互补对称功率放大电路

1. 功率放大电路的分类

根据三极管静态工作点 Q 在交流负载线上的位置不同，可分为甲类、乙类和甲乙类三种功率放大电路。

（1）甲类功率放大电路

三极管的静态工作点 Q 设置在交流负载线的中点附近，如图2-44（a）所示。在输入信号的整个周期内都有 i_C 流过的功放管，波形失真小。由于静态电流大，放大器的效率较低，最高只能达到50%。

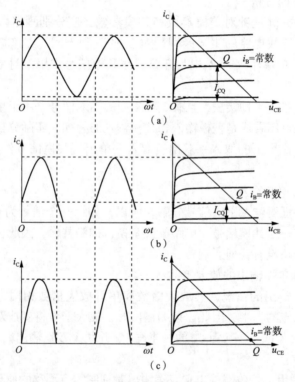

图2-44　Q 点下移对放大电路工作状态的影响

（2）乙类功率放大电路

三极管的静态工作点设置在交流负载线的截止点，如图2-44（c）所示。在输入信号的整个周期内，功放管仅在输入信号的正半周导通，i_C 波形只有半个波输出。由于几乎无静态电流，功率损耗最小，使效率大大提高。乙类功率放大电路采用两个三极管组合起来交替工作，可以放大和输出完整的全波信号。

（3）甲乙类功率放大电路

三极管的静态工作点介于甲类与乙类之间，一般略高于乙类，如图 2-44（b）所示。功放管有不大的静态电流，在输入信号的整个周期内，在大于上半周期内有 i_C 流过功放管。它的波形失真情况和效率介于甲类和乙类之间，是实用的功率放大器经常采用的方式。

甲类功率放大电路由于静态电流大，效率低，因此很少采用；变压器耦合功率放大电路由于变压器体积大，不适于集成，频率性能差，在现在的功放中也不大采用，因此本节不涉及这两类功放。

2. 乙类双电源互补对称功率放大电路的介绍

（1）电路的组成

乙类双电源互补对称功率放大电路（OCL）的基本电路及工作波形如图 2-45 所示，图中 VT_1 为 NPN 型三极管，VT_2 为 PNP 型三极管，两管参数要求基本一致，两管的发射极连在一起作为输出端，直接接负载电阻 R_L，两管都为共集电极接法，正负对称双电源供电，两管中的静态电位为零。

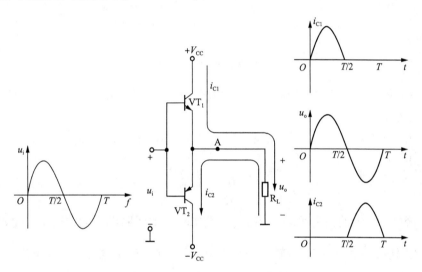

图 2-45 OCL 的基本电路及工作波形

（2）工作原理

当输入信号 $u_i = 0$ 时，电路处于静态，两管都不导通，静态电流为 0，电源不消耗功率。

当 u_i 为正半周时，VT_1 管导通，VT_2 管截止，电流 i_{C1} 流经负载 R_L 形成输出电压 u_o 的正半周。

当 u_i 为负半周时，VT_1 管截止，VT_2 管导通，电流 i_{C2} 流经负载 R_L 形成输出电压 u_o 的负半周。

由此可见，VT_1、VT_2 实现了交替工作，正负电源供电。这种不同类型的两只三极管交替工作，且均为射极输出器形式的电路称为"互补电路"，两只三极管的这种交替工作方式称为"互补"，该互补电路通常称为互补对称功率放大电路。

（3）输出功率和效率

功率放大电路最重要的技术指标是电路的最大输出功率 P_{om} 及效率 η。为了便于分析

P_{om}，将 VT_1 管和 VT_2 管的输出特性曲线组合在一起，如图 2-46 所示，图中 I 区为 VT_1 管的输出特性，II 区为 VT_2 的输出特性。因为两管的静态电流很小，所以可以认为静态工作点在横轴上，如图中所标的 Q 点。因而最大输出电压幅值为 $V_{CC} - U_{CES}$。

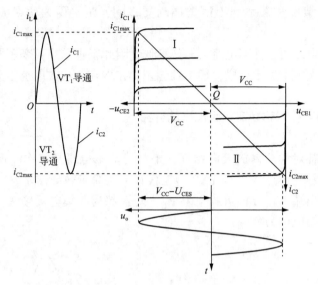

图 2-46　OCL 的图解分析

根据以上分析，不难求出工作在乙类的互补对称电路的输出功率、管耗和直流电源供给的功率和效率。

① 输出最大功率 P_{om}。由前面分析可知，OCL 输出电压最大幅值为 $V_{CC} - U_{CES}$，因此最大输出功率为

$$P_{om} = \frac{1}{2} \cdot \frac{U_{om}^2}{R_L} = \frac{(V_{CC} - U_{CES})^2}{2R_L} \tag{2-41}$$

② 直流电源供给的最大平均功率 P_{vm}。在忽略其他回路电流的情况下，电源电压 V_{CC} 提供的最大幅值为 $\frac{V_{CC} - U_{CES}}{R_L}$，设输入信号频率为 ω，则 t 时刻电源提供的电流为

$$i_c = \frac{V_{CC} - U_{CES}}{R_L}\sin\omega t \tag{2-42}$$

在负载获得最大交流功率时，电源所提供的平均功率等其最大平均电流与电源电压之积，其表达式为

$$P_{vm} = \frac{1}{\pi}\int_0^\pi \frac{V_{CC} - U_{CES}}{R_L}\sin\omega t \cdot V_{CC}d(\omega t) \tag{2-43}$$

整理后得

$$P_{vm} = \frac{2}{\pi} \cdot \frac{V_{CC}(V_{CC} - U_{CES})}{R_L} \tag{2-44}$$

③ 效率 η。在输出电压达到最大幅度时的效率为

$$\eta = \frac{P_{om}}{P_{vm}} = \frac{\pi}{4} \cdot \frac{V_{CC} - U_{CES}}{V_{CC}} \tag{2-45}$$

④ 集电极最大功耗 P_{tm}。在功率放大电路中，电源提供的功率，除了转换为输出功率

外，其余部分主要消耗在三极管上，三极管所损耗的功率为 $P_T = P_V - P_o$。当输入电压为零时，由于集电极电流很小，三极管的功耗很小；输入电压最大，即输出功率最大时，由于管压降很小，三极管的功耗也很小；可见，三极管的最大功耗既不是在输入电压最小时，也不是在输入电压最大时。可以证明，当输出电压峰值 $U_{om} \approx 0.6 V_{CC}$ 时，管耗最大，每只三极管的管耗 $P_T = P_{tm} \approx 0.2 P_{om}$。在理想情况下，即 $U_{CES} = 0$ 的情况下，有

$$P_{om} = \frac{V_{CC}^2}{2R_L} \qquad (2-46)$$

$$P_{vm} = \frac{2}{\pi} \cdot \frac{V_{CC}^2}{R_L} \qquad (2-47)$$

$$\eta = \frac{\pi}{4} \approx 78.5\% \qquad (2-48)$$

（4）功率管的选择

若要使功放电路输出最大功率，又使功率管安全工作，功率管的参数必须满足下列条件。

① $P_{CM} > 0.2 P_{om}$。

② $|U_{(Br)CEO}| > 2 V_{CC}$。

③ $I_{CM} > V_{CC}/R_L$。

2.3.5　甲乙类互补对称功率放大电路

1. 乙类互补对称功放的交越失真

前面讨论的乙类互补对称功率放大电路，实际上并不能使输出波形很好地反映输入的变化。根据三极管的输入特性可知，三极管只有在加于其发射结的电压大于门槛电压时才能导通。由于没有直流偏置，当 u_i 较低时，VT_1 和 VT_2 管都截止，i_{C1} 和 i_{C2} 基本为 0，负载 R_L 上无电流流过，出现一段死区，如图 2-47 所示，这种现象称为交越失真。

2. 甲乙类互补对称功率放大器

为了克服交越失真，可给两互补管的发射结设置一个很小的正向偏置电压，使它们在静态时处于微导通状态。这样既消除了交越失真，又使功放管工作在接近乙类的甲乙类状态，效率仍然很高。图 2-48 所示电路就是按照这种要求设计的甲乙类互补对称功率放大器。

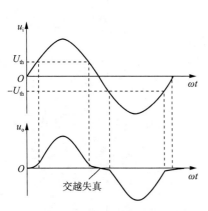

图 2-47　乙类互补对称功放的交越失真

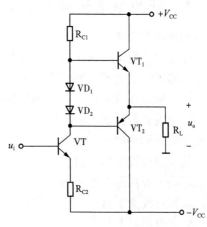

图 2-48　甲乙类互补对称功率放大器

图 2-48 中，静态时 VD_1、VD_2 两端电压降加到 VT_1、VT_2 的基极之间，使两管处于微导通状态。当有信号输入时，由于 VD_1、VD_2 对交流信号近似短路（其正向交流电阻很小），因此加到两管基极的正、负半周信号的幅度相等。

3. 单电源互补对称功率放大器

双电源互补对称功率放大电路采用双电源供电，但某些场合往往给使用带来不便。为此，可采用图 2-49 所示的单电源互补对称功率放大器，又称为 OTL 电路。

图 2-49 中 VT_3 为前置放大级，VT_1、VT_2 组成互补对称输出级，VD_1、VD_2 保证电路工作于甲乙类状态。在输入信号 $u_i = 0$ 时，一般只要 R_1、R_2 取值适当，就可给 VT_1 和 VT_2 提供一个合适的偏置，从而使 K 点直流电位为 $V_{CC}/2$。C_L 两端静态电压也为 $V_{CC}/2$。由于 C_L 容量很大，满足 $R_L C_L > T$（信号周期），因此有交流信号时，电容 C_L 两端电压基本不变，它相当于一个电压为 $V_{CC}/2$ 的直流电源。此外，C_L 还有隔直流通交流的耦合作用。

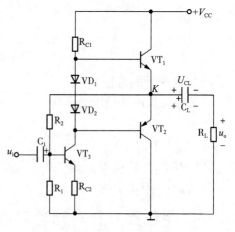

图 2-49 单电源互补对称功率放大器

当 u_i 为负半周时，VT_1 导通，VT_2 截止，有电流流过负载 R_L，同时向 C_L 充电；当 u_i 为正半周时，VT_1 截止，VT_2 导通，此时 C_L 起着电源的作用，通过负载 R_L 放电。电容 C_L 和一个电源 V_{CC} 起到了原来的 $+V_{CC}$ 和 $-V_{CC}$ 两个电源的作用，但其电源电压值应等效为 $V_{CC}/2$。显然若把 OCL 性能指标中的 V_{CC} 换成 $V_{CC}/2$，就得到 OTL 的性能指标。

图中 R_2 引入的负反馈，不但稳定了 K 点的直流电位，而且改善了整个电路的性能指标。

实 践 项 目

实训 2.1　低频小信号放大电路的测试

1. 实训目的和任务

（1）加深对共射极单级小信号放大器特性的理解。

（2）掌握单级放大器的调试方法和特性的测量。

（3）熟悉示波器等常用电子仪器的使用方法。

（4）观察失真现象。

2. 实训仪器和器材

（1）低频信号发生器 1 台。

（2）双路直流稳压电源 1 台。

（3）双踪示波器 1 台。

（4）数字万用表 1 只。

（5）元件及导线若干。

3. 实训原理

（1）原理电路如图 2-50 所示。

（2）静态工作点的确定。

$$I_B = \frac{V_{CC} - U_{BE}}{R_B}$$

$$\approx \frac{V_{CC} - 0.7}{R_B}$$

$$\approx \frac{V_{CC}}{R_B}$$

$$I_B = \frac{I_C}{\beta}$$

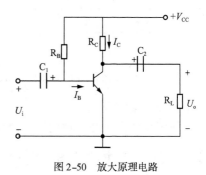

图 2-50　放大原理电路

（3）电压放大倍数的计算。

$$A_u = -\frac{\beta R_L'}{r_{be}} = \frac{U_o}{U_i}$$

$$R_L' = R_C /\!/ R_L$$

$$r_{be} = 300 + (1+\beta)\frac{26}{I_E}$$

4. 实验内容及步骤

（1）根据原理电路图 2-50，用插件连接电路。

（2）静态工作点的调试。

① 调节 R_B 的阻值，用万用表直流电压挡测 $V_{CC} \approx 7V$ 左右。

② 在输入端加入 $f = 1kHz$，$U_i = 20mV$ 信号，用示波器观察输入与输出波形。

③ 逐渐增大低频信号发生器输出信号幅度，调节 R_B 的阻值，使放大器输出波形正峰与负峰恰好同时出现削波失真为止，此时断开交流信号，用万用表直流电压挡测量 U_{BEQ}、U_{CEQ}，断开电源测量 R_B 的阻值，记入表 2-3 中。

表 2-3　静态工作点测量数据

U_{BEQ}	R_B	U_{CEQ}

（3）放大倍数测试

给放大器输入 $f = 1kHz$，$U_i = 10mV$ 信号电压，用示波器观察 U_o 波形，在 U_o 不失真的条件下，测定 $R_L = \infty$ 及 $R_L = 5.1k\Omega$ 时电压放大倍数 A_u，并记录在表 2-4 中。

表 2-4　动态放大倍数测量数据

条件	U_i	U_o	A_u
$R_L = \infty$			
$R_L = 5.1k\Omega$			

（4）观察集电极电阻改变对放大器输出波形的影响。不接 R_L，逐渐增大输入信号，使输出波形恰好不失真，改变 R_C 值为 510Ω 和 10kΩ，观察对输出波形 U_o 的影响，并记录

在表2-5中。（注：若失真不明显，可适当增大 U_i 观察）

表2-5　改变集电极电阻后的输出波形

R_C	输出波形	产生何种失真
510Ω		
10kΩ		

5. 实验报告要求

整理实验数据，并与理论计算值分析比较，总结实验结论。

实训 2.2　差动放大电路的测试

1. 实训目的和任务

（1）通过实验加深了解差动放大器的性能和特点。

（2）学习测量差动放大器的电压放大倍数，共模抑制的方法。

（3）掌握差动放大器的调试方法。

2. 实训仪器和器材

（1）示波器一台，数字万用表一块。

（2）直流稳压电源一台，低频信号发生器一台。

3. 实训原理

差动放大电路的目的是利用参数匹配的两个三极管组成对管，形成对称形式的电路结构，进行补偿，达到减小温度漂移的目的。

差分放大电路实验电路如图2-51所示。

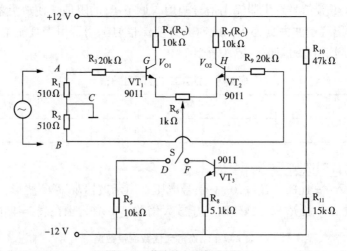

图 2-51　差分放大路实验电路

VT_1 和 VT_2 为一对特性相近的对管；VT_3 为恒流管，用它代替 R_5 提高差动放大器的性能；S 是改变工作状态用的开关；R_6 是调节平衡的电位器。

（1）差动输入、双端输出

图2-51中，输入端对地短接，输入电压为零时，在理想情况下，电路的左右两部分完全对称，则三极管 VT_1 和 VT_2 的静态集电极电流和集电极电压应相等，于是输出电压也

等于零。

将 S 接 D。若在输入端 A、B 之间加上一个输入电压，则三极管 VT_1 和 VT_2 的基极回路将各自得到外加输入电压的一半。但大小相等，极性相反，即 VT_1 的输入电压为正时，VT_2 的输入电压为负。这样的输入电压称为差模输入电压或差动输入电压，用 V_{Id} 来表示。

$$V_{I1} = \frac{1}{2} V_{Id}$$

$$V_{I2} = -\frac{1}{2} V_{Id}$$

若每一边单管放大电路的电压放大倍数为 A_{v1}，则两个三极管的集电极输出电压分别为

$$V_{C1} = V_{O1} = \frac{1}{2} V_{Id} A_{v1}$$

$$V_{C2} = V_{O2} = -\frac{1}{2} V_{Id} A_{v1}$$

双端输出 $V_O = V_{O1} - V_{O2} = \frac{1}{2} V_{Id} A_{v1} - \left(-\frac{1}{2} V_{Id} A_{v1} \right) = V_{Id} A_{v1}$

双端输出差模电压放大倍数 $A_{vd} = \dfrac{V_O}{V_{Id}} = A_{v1}$

（2）差动输入、单端输出

单端输出 $V_O = V_{C1}$

单端输出差模电压放大倍数 $A_v = \dfrac{1}{2} A_{v1}$

（3）共模抑制比

将 A、B 端相接，S 接 F，输入信号加到 A 与地之间，电路为共模输入。

若为双端输出，则在理想情况下，其共模放大倍数 $A_{vc} = 0$

若为单端输出，则共模放大倍数 $A_{vc} \approx \dfrac{R_e}{2R_e}$。共模抑制比 $K_{CMR} = \left| \dfrac{A_{vd}}{A_{vc}} \right|$，欲使 K_{CMR} 大，就要求 A_{vd} 大，A_{vc} 小，就要求 R_e（等效电阻）阻值大，当图一中 S 接 F 时由于 VT_3 的恒流作用，等效的 R_e 极大，因此 K_{CMR} 很大。

4. 实验内容及步骤

（1）无恒流管时（置开关 S 于 D）

① 静态工作点的测量。

按图 2-51 接线，置开关 S 于 D，检查无误后，接入 C 组 D 组直流稳压电源，输入端对地短接（A、B、C 三点相连接），调节 R_6 使输出端 G、H 间的电位差 $V_O = 0V$，测出 VT_1、VT_2 两管输出 V_{O1}、V_{O2} 的值，并完成表 2-6 的要求。

表 2-6 静态工作点的测量数据

差动管	V_{C1}（V）	V_{C2}（V）	V_B（V）	V_{R_s}（V）
V_1				

② 差模电压放大倍数 A_{vd} 的测量。

拆去输入端短路连接线，在 A、B 端加入差摸信号 $V_I = 100mV$，$f = 1kHZ$，测量 V_{O1}、

V_{O2}，分别计算其放大倍数，并记入表2-7。

表2-7　差模电压放大倍数 A_{vd} 的测量数据

	V_I	V_{O1}	V_{O2}	双端输出 $V_{Od} = V_{O1} - V_{O2}$	单端输出 V_O	双端输出 $A_{vd} = V_{Od}/V_I$	单端输出 $A_{vd} = V_O/V_I$
无恒流管							
有恒流管							

③ 共摸电压放大倍数 A_{vc} 的测量。

A、B 端短接，A 与地之间加共模信号 $V_I = 500\text{mV}$，$f = 1\text{kHz}$，测出 V_{O1}、V_{O2}，计算出放大倍数，并记入表2-8。

表2-8　共摸电压放大倍数 A_{vc} 的测量数据

	V_I	V_{O1}	V_{O2}	V_O	$A_{vc} = V_{Oc}/V_I$	$K_{CMR} = \|A_{vd}/A_{vc}\|$
无恒流管						
有恒流管						

（2）有恒流管时（置开关 S 于 F）

重复以上实验步骤，测出 V_{Od}、V_{Oc}、A_{vd}、A_{vc}，计算 K_{CMR}。

5. 实验报告要求

（1）整理所测数据，比较有恒流管、无恒流管时共模抑制比 K_{CMR} 的大小。

（2）总结差动放大电路的特点。

（3）简要说明 R_5 及 VT_3 的作用。

实训 2.3　互补对称功率放大电路的测试

1. 实训目的和任务

（1）理解互补对称功率放大器的工作原理。

（2）加深理解电路静态工作点的调整方法。

（3）学会互补对称功率放大电路调试及主要性能指标的测试方法。

2. 实训仪器和器材

（1）双踪示波器。

（2）万用表。

（3）毫伏表。

（4）直流毫安表。

（5）信号发生器。

3. 实训原理

互补对称功率放大器原理电路如图2-52所示。

（1）最大不失真输出功率 P_{om}

在实验中可通过测量 R_L（R_L 为接 R_7 和扬声器 SP 时的电阻）两端的电压有效值，来求得实际的 P_{om}

$$P_{om} = \frac{U_0^2}{R_L}$$

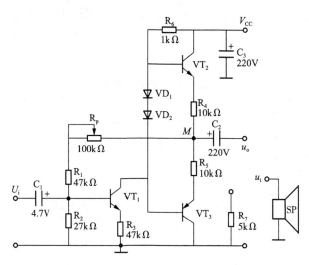

图 2-52 互补对称功率放大器原理电路

（2）效率 η

$$\eta = \frac{P_{om}}{P_E} \cdot 100\%$$

P_E 为直流电源供给的平均功率

理想情况下 $\eta_{max} = 78.5\%$。在实验中，可测量电源供给的平均电流 I_{dc}（多测几次 I 取其平均值），从而求得

$$P_E = V_{CC} \cdot I_{dc}$$

负载上的交流功率已用上述方法求出，因而可直接计算实际效率。

4. 实验内容

（1）调整直流工作点，使 M 点电压为 $0.5V_{CC}$。

（2）当使二极管 VD_1 和 VD_2 短路时，观察输出波形的交越失真情况。

（3）改变电源电压（例如由 +12V 变为 +9V 和 +6V）电压放大倍数。

本电路由两部分组成，一部分是由 VT_1 组成的共射放大电路，为甲类功率放大；一部分是互补对称功率放大电路，调节 R_5 使 VT_2、VT_3 处于临界导通状态，以消除交越失真现象，为准乙类功率放大电路。实验结果如下：

（1）$V_{CC} = 12V$，$V_M = 6V$ 时测量静态工作点（静态工作点时要关闭输入信号），然后输入频率为 5kHz 的 V_I 约为 250mV 时正弦波，然后适当调整输入信号保证输出无失真（以下输入输出值均为峰值）。测量数据填入表 2-9。

表 2-9 测量数据 1

	V_B/V	V_C/V	V_E/V
V_1			
V_2			
V_3			
当 u_i 为 250mV 时	$R_L = +\infty$	$R_L = 5.1k\Omega$	$R_L = 8\Omega$
最大不失真输出电压 U_0/V			
A_V			

（2）$V_{CC} = 9V$，$V_M = 4.50V$ 时测量静态工作点（静态工作点时要关闭输入信号），然后输入频率为 5kHz 的 V_I 约为 180mV 时正弦波（以下输入输出值均为峰值）。测量数据填入表 2-10。

表 2-10　测量数据 2

	V_B/V	V_C/V	V_E/V
V_1			
V_2			
V_3			
当 V_I 为 180mV 时	$R_L = +\infty$	$R_L = 5.1k\Omega$	$R_L = 8\Omega$
最大不失真输出电压 U_0/V			
A_V			

（3）$V_{CC} = 6V$，$V_M = 3V$ 时测量静态工作点（静态工作点时要关闭输入信号），然后输入频率为 5kHz 的 V_I 约为 110mV 时正弦波（以下输入输出值均为峰值），测量数据填入表 2-11。

表 2-11　测量数据 3

	V_B/V	V_C/V	V_E/V
V_1			
V_2			
V_3			
当 V_I 约 110mV 时	$R_L = +\infty$	$R_L = 5.1k\Omega$	$R_L = 8\Omega$
V_0/V 最大不失真			
A_V			

（4）测量放大电路在带 8Ω 负载（扬声器）时电压放大倍数。

5. 实训报告要求

（1）分析实验结果，计算实验内容要求的参数。

（2）总结功率放大电路特点及测量方法。

本 章 小 结

1. 放大电路中"放大"的实质，是通过三极管（或场效应管）的作用进行能量转换，即将直流电源的能量转换为负载获得的能量。放大电路的组成原则是必须有电源，核心元件是三极管（或场效应管），要有合适的静态工作点，并保证放大电路在放大信号的整个周期，三极管（或场效应管）都工作在特性曲线的线性放大区。放大电路工作时，电路中各电压、电流值是直流量和交流量叠加的结果。电路分析由静态分析和动态分析两部分组成。静态分析借助直流通路，用估算法或图解法确定静态工作点。动态分析借助交流通路，用图解法或微变等效电路法确定电压放大倍数、输入电阻、输出电阻等动态性能指标。常用的稳定工作点电路有射极偏置电路（基极分压式偏置电路）、集–基耦合电路和温度补偿电路。

2. 共集电极电路由于输入电阻高，输出电阻低，并具有电压跟随特性，广泛应用于输出级或隔离级。共基极电路由于频率特性好，常用于高频放大。阻容耦合多级放大电路，由于各级放大电路的静态工作点互不影响，调试方便，常被用来进一步提高放大倍数，但计算每级放大倍数时应考虑前、后级之间的相互影响。场效应管放大电路的分析方法和步骤与三极管放大电路类似，各种类型的放大电路与相应的三极管放大电路具有类似的特点，只是模拟电路中多用结型和耗尽型 MOS 管，而增强型 MOS 管则多用于数字电路。

3. OCL 采用双电源供电。OTL 采用单电源供电，但需要一个大容量输出耦合电容。电路中，两只功放管分别在正、负半周交替工作。当输入信号一定时，能使输出信号幅度 U_{om} 基本上等于电源电压 V_{CC} 而又不失真的负载称为功放电路的最佳负载。此时功放电路输出最大功率，具有最高的转换效率，但两管的功耗不是最大。由于集成功放外接元件少，电路结构简单，应用越来越广泛，使用时应注意正确选择型号，识别各引脚的功能。当需要进一步提高输出功率时，可将两个 OCL 连接成 BTL 形式。

自 我 测 试

选择题

1. 在固定式偏置电路中，若偏置电阻 R_B 的值增大，则静态工作点 Q 将（　　）。

　　A. 上移　　　　　　B. 下移　　　　　　C. 不动　　　　　　D. 上下来回移动

2. 在非线性失真中，饱和失真也称为（　　）

　　A. 顶部失真　　　B. 底部失真　　　C. 双向失真

3. 检查放大电路中的晶体管在静态的工作状态（工作区），最简便的方法是测量（　　）。

　　A. I_{BQ}　　　　　　B. U_{BE}　　　　　　C. I_{CQ}　　　　　　D. U_{CEQ}

4. 某晶体管的发射极电流等于 1mA，基极电流等于 20μA，则它的集电极电流等于（　　）。

　　A. 0.98mA　　　B. 1.02mA　　　C. 0.8mA　　　　D. 1.2mA

5. 下列各种基本放大器中可作为电流跟随器的是（　　）。

　　A. 共射接法　　　B. 共基接法　　　C. 共集接法　　　　D. 任何接法

6. 放大电路的三种组态（　　）。

　　A. 都有电压放大作用　　　　　　　B. 都有电流放大作用

　　C. 都有功率放大作用　　　　　　　D. 只有共射极电路有功率放大作用

7. 在单管共射固定式偏置放大电路中，为了使工作于截止状态的晶体三极管进入放大状态，可采用的办法是（　　）。

　　A. 增大 R_C　　　B. 减小 R_B　　　C. 减小 R_C　　　　D. 增大 R_B

8. 如图 2-53 所示为某放大电路的输入波形与输出波形的对应关系，则该电路发生的失真和解决办法是（　　）。

    A. 截止失真，静态工作点下移

    B. 饱和失真，静态工作点下移

    C. 截止失真，静态工作点上移

    D. 饱和失真，静态工作点上移

9. 温度影响了放大电路中的（　　），从而使静态工作点不稳定。

    A. 电阻　　　　　　　　　　B. 电容

    C. 三极管　　　　　　　　　D. 电源

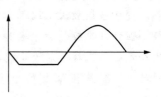

图 2-53

10. 某放大器由三级组成，已知每级电压放大倍数为 KV，则总放大倍数为（　　）。

    A. 3KV　　　　B. $(KV)^3$　　　　C. $(KV)^3/3$　　　D. KV

11. 放大器的基本性能是放大信号的能力，这里的信号指的是（　　）。

    A. 电压　　　　B. 电流　　　　C. 电阻　　　　D. 功率

12. 共模抑制比 K_{CMR} 是（　　）之比。

    A. 差模输入信号与共模输入信号

    B. 输出量中差模差模成分与共模成分

    C. 差模放大倍数与共模放大倍

    D. 交流放大倍数与直流放大倍数

13. 差分电路中 A_{ud} 越大表示（　　），A_c 越大表示（　　）。

    A. 温漂越大　　　　　　　　　　B. 有用信号的放大倍数越大

    C. 抑制温漂能力越强

14. OTL 电路中，若三极管的饱和管压降为 $U_{CE(sat)}$，则最大输出功率 $P_{o(max)}$ 为（　　）。

    A. $\dfrac{(V_{CC}-U_{CE(sat)})^2}{2R_L}$　　　　B. $\dfrac{(V_{CC}-2U_{CE(sat)})^2}{4R_L}$　　　　C. $\dfrac{(V_{CC}-2U_{CE(sat)})^2}{4R_L}$

15. 如图 2-54 所示电路，已知 VT_1、VT_2 管的饱和压降 $U_{CE(sat)}=3V$，$V_{CC}=15V$，$R_L=8\Omega$，静态时，三极管发射极电位 U_{EQ}（　　）。

    A. >0　　　　　　　　B. $=0$　　　　　　　　C. <0

16. 如图 2-54 所示电路，已知 VT_1、VT_2 管的饱和压降 $U_{CE(sat)}=3V$，$V_{CC}=15V$，$R_L=8\Omega$，若 D_1 虚焊，则 VT_1 管（　　）。

    A. 可能因功耗过大而烧毁

    B. 始终饱和

    C. 始终截止

    D. 正常工作

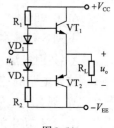

图 2-54

17. 为了克服交越失真，应（　　）。

    A. 进行相位补偿

    B. 适当增大功放管的静态 $|U_{BE}|$

    C. 适当减小功放管的静态 $|U_{BE}|$

    D. 适当增大负载电阻 R_L 的阻值

习　题

一、简答题

1. 什么是静态工作点？静态工作点对放大电路有什么影响？

2. 试总结晶体三极管分别工作在放大、饱和、截止三种工作状态时，三极管中的两个 PN 结所具有的特点。

3. 试判断如图 2-55 所示的各电路能否放大交流电压信号？

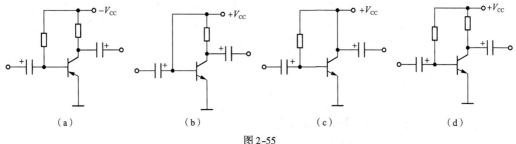

（a）　　　　　（b）　　　　　（c）　　　　　（d）

图 2-55

4. 比较阻容耦合放大电路和直接耦合放大电路的差异点及各自存在的问题。

5. 为什么说放大电路的输入电阻可用来衡量放大电路信号源的传递效率？放大电路输出电阻低，带负载的能力强又是什么意思？

二、分析计算题

1. 试画出如图 2-56 所示电路的直流通路和交流通路（设电路中电容器的容量均足够大），并简化电路。

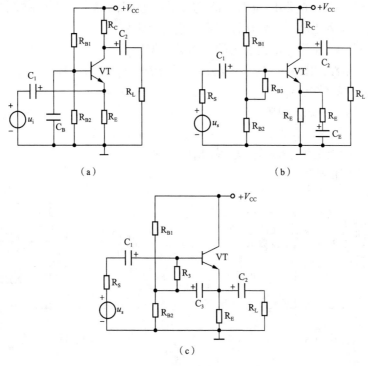

（a）　　　　　　　　　　　　　　　（b）

（c）

图 2-56

2. 如图 2-57 所示电路中，令晶体管的 $U_{BE} = 0.6V$，三极管的输出特性曲线如图 2-57（b）所示。

（1）用估算法确定放大电路的静态工作点。

（2）用图解法确定放大电路的静态工作点。

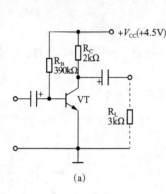 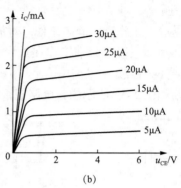

图 2-57

3. 在如图 2-58 所示电路中，三极管是 PNP 型锗管。

（1）V_{CC} 和 C_1、C_2 的极性如何选择，并在图上标出。

（2）若 V_{CC} 取 12V，$R_C = 3k\Omega$，$\beta = 75$，如果要将静态值 I_C 调到 1.5mA，问 R_B 应调到多大？

（3）在调静态工作点时，如不慎将 R_B 调到零，对三极管有无影响，为什么？通常采取何种措施来防止这种情况？

4. 在图 2-57（a）所示电路中，若把 R_B 改成 180kΩ，试确定最大可能的输出电压是多大？

5. 在图 2-57(a)所示电路中，若把 R_B 改成 820kΩ，设输入基极的电流 $I_b = 5\sin \omega t (\mu A)$，问：

（1）当 R_L 未接入电路时，输出波形会产生什么现象？

（2）当 R_L 接入电路后，输出波形的情形又是怎样？

6. 单极放大电路如图 2-59 所示，已知三极管的 $\beta = 50$，$I_C = 1mA$，求：

（1）画出微变等效电路。

（2）计算三极管的输入电阻 r_{be}。

（3）计算电压放大倍数 A_u。

（4）估算放大电路的输入电阻 R_i 和输出电阻 R_o。

（5）计算源电压放大倍数 A_{us}。

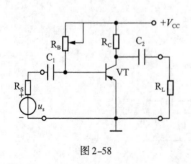 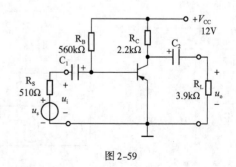

图 2-58   图 2-59

7. 在如图 2-60 所示电路中，已知 $V_{CC} = 24\text{V}$，$R_C = 3.3\text{k}\Omega$，$R_S = 100\Omega$，$R_E = 1.5\text{k}\Omega$，$R_{B1} = 33\text{k}\Omega$，$R_{B2} = 10\text{k}\Omega$，$R_L = 5.1\text{k}\Omega$，$\beta = 60$，硅管。

求：（1）估算静态工作点。

（2）标出电容 C_1、C_2、C_E的极性，求出 U_{C1}、U_{C2}、U_E两端电压值。

（3）画出微变等效电路。

（4）计算 A_u、A_{us}、R_I 及 R_o。

8. 若将上题中的射极旁路电容去掉，其他参数不变，重复上题中的问题，并比较两次运算结果。

9. 在如图 2-61 所示电路中，已知三极管 $\beta = 50$（硅管），试求：

（1）当开关 S 在"1"位置时的电压放大倍数，输入电阻及输出电阻。

（2）当开关 S 在"2"位置时电压放大倍数，输入电阻及输出电阻。

（3）比较这两种情况的异同。

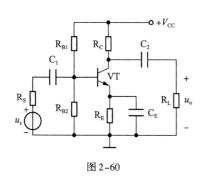

图 2-60

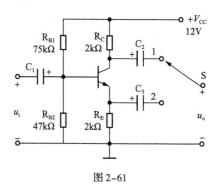

图 2-61

10. 某放大电路在输入端加入的信号电压值不变，当不断改变信号频率时，测得在不同频率下的输出电压值，见表 2-12。试问，该放大电路的下限频率 f_L 和上限频率 f_H 各为多少？

表 2-12

f/Hz	10	30	45	60	200	1k	10k	50k	80k	120k	200k
U_o/V	2.52	2.73	2.97	3.15	4.00	4.20	4.20	4.00	3.15	2.97	2.73

11. 如图 2-62 所示电路，三极管的饱和压降可略，试回答下列问题：

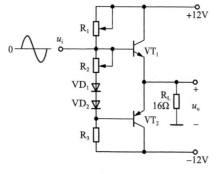

图 2-62

（1）$u_i = 0$ 时，流过 R_L 的电流有多大？

（2）若输出出现交越失真，应调整哪个电阻，如何调整？

（3）为保证输出波形不失真，输入信号 U_i 的最大振幅为多少？管耗为最大时，求 U_{im}。

（4）VD_1、VD_2任一个接反，将产生什么后果？

12. 如图 2-63 所示 OTL 中，已知 $V_{CC} = 16V$，$R_L = 4\Omega$，VT_1 和 VT_2管的死区电压和饱和管压降均可忽略不计，输入电压足够大。试求最大不失真输出时的输出功率 P_{om}、效率 η_m。

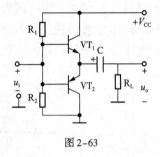

图 2-63

第3章 集成运算放大电路

学习目标

- 了解集成运算放大器的符号、组成及各部分的作用。
- 了解集成运算放大器理想化条件和传输特性。
- 掌握加法、减法运算电路的结构与原理。
- 掌握比例运算、积分运算、微分运算的电路结构与原理。
- 掌握电压比较器、滞回比较器、窗口比较器等信号处理电路的结构与原理。
- 了解集成运算放大电路构成的各种信号发生器。
- 掌握集成运算放大电路的综合应用。

3.1 集成运算放大器概述

3.1.1 集成运算放大器的符号、组成及工作原理

1. 集成运算放大器的组成及工作原理

集成运算放大器（简称集成运放）型号繁多，性能各异，内部电路各不相同，但其内部电路的基本结构却大致相同。集成运算放大电路的内部电路可分为输入级、偏置电路、中间级及输出级 4 个部分。集成运算放大器的基本结构如图 3-1 所示。

图 3-1 集成运算放大器的基本结构

集成运算放大器的组成及工作原理

输入级与信号源相连，通常要求有很高的输入电阻，能有效地抑制共模信号，且有很强的抗干扰能力。因此，输入级通常采用差动放大电路，有同相和反相两个输入端。其差模输入电阻大，共模抑制比高。

偏置电路用来向各放大级提供合适的静态工作电流，决定各级静态工作点。在集成电路中，广泛采用镜像电流源电路作为各级的恒流偏置。

中间级主要是提供足够的电压放大倍数，同时承担将输入级的双端输出在本级变为单端输出，以及实现电位移动等任务，常由一级或多级共射放大电路组成。

输出级主要是给出较大的输出电压和电流，并起到将放大级与负载隔离的作用。常用的输出级电路形式是射极输出器和互补对称电路，有些还附加有过载保护电路。

综上所述，集成运算放大电路是一种电压放大倍数高、输入电阻大、输出电阻小、共模抑制比高、抗干扰能力强、可靠性高、体积小、耗电少的通用型电子器件。

2. 集成运算放大器的符号

若将集成运算放大电路看成一个黑盒子，则可等效为一个双端输入单端输出的高性能差分放大电路。

集成运算放大电路有两个输入端和一个输出端，如图 3-2 所示。输入端输入方式有 3 种：从"−"端输入（u_-）称反相输入，输出电压与输入电压相位相反；从"+"端输入（u_+）称同相输入，输出电压与输入电压相位相同；从"−""+"两端输入称差动输入方式（$u_{id} = u_- - u_+$），输出电压与差动输入电压相位相反。

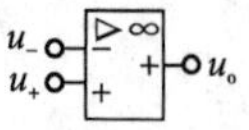

图 3-2　集成运算放大电路的电路符号

3.1.2　集成运算放大器的传输特性及主要参数

1. 集成运算放大器的传输特性

集成运算放大电路的输出电压与输入电压（即同相输入端与反相输入端之间的差值电压）之间的关系曲线称为电压传输特性。即

$$u_o = f(u_+ - u_-)$$

对于正负两路电源供电的集成运算放大电路，电压传输特性如图 3-3 所示。从图中曲线可以看出，集成运算放大电路有线性放大区和正饱和区（非线性区）两部分。

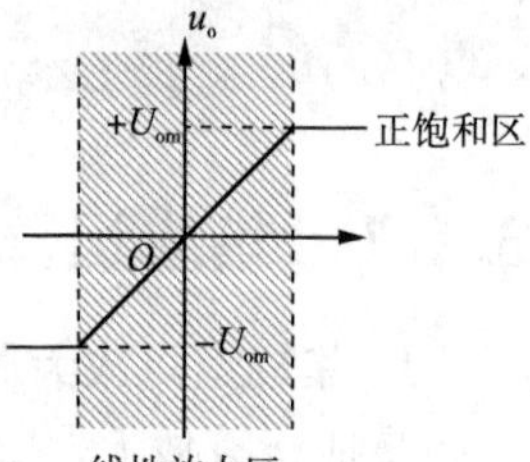

（1）线性放大区域

输出电压与其两个输入端的电压之间存在线性放大关系，即 $u_o = A_{od}(u_+ - u_-)$，其中 A_{od} 为差模电压放大倍数。

（2）非线性区域

输出电压只有两种可能的情况，即 $+U_{om}$ 或 $-U_{om}$，U_{om} 为输出电压的饱和电压。

集成运算放大器的传输特性及主要参数

图 3-3　集成运算放大电路的电压传输特性

2. 集成运算放大器的主要参数

运算放大器的性能通常通过它的参数来表示。为了合理地选用和正确地使用运算放大器，必须了解各主要参数的意义。

（1）开环电压放大倍数 A_{ud}

开环电压放大倍数 A_{ud} 指集成运算放大电路在开环状态下的差模电压放大倍数。集成运算放大电路虽然很少在开环状态下应用，但开环电压放大倍数代表了放大器的放大能力，是决定运算精度的一个重要因素。一般要求 A_{ud} 数量级越高越好，高质量的集成运算放大电路 A_{ud} 可达 140dB 以上。

（2）输入失调电压 u_{IO}

一个理想的集成运算放大电路，当输入电压为零时，输出电压也应为零（不加调零装置）。但实际上它的差分输入级很难做到完全对称，通常在输入电压为零时，存在一定的输出电压。

输入失调电压 u_{IO} 指输入电压为零时，输出端出现的电压换算到输入端的数值，或指为了使输出电压为零而在输入端加的补偿电压。输入失调电压的大小主要反映了差分输入元件的失配，特别是 U_{BE} 和 R_C 的失配程度。输入失调电压值一般为 $1 \sim 10\text{mV}$，高品质的集成运算放大电路在 1mV 以下。

（3）输入失调电流 i_{IO}

输入失调电流 i_{IO} 指输出为零时，流入放大器两输入端的静态基极电流之差。输入失调电流的大小反映了差分输入级两个三极管 β 的失调程度，i_{IO} 一般以 nA 为单位。

（4）共模抑制比 K_{CMR}

共模抑制比 K_{CMR} 在应用中也是一个很重要的参数，其数值一般在 80dB 以上。

（5）差模输入电阻 R_{id}

集成运算放大电路的差模输入电阻 R_{id} 指运放在开环条件下，两输入端之间的等效电阻，一般为几兆欧。

（6）输出电阻 R_o

集成运算放大电路的输出电阻 R_o 指在开环条件下，从输出端和地端看进去的等效电阻。R_o 的大小反映了集成运算放大电路的负载能力。

（7）最大输出电压 U_{om}

最大输出电压 U_{om} 是指在一定的电源电压下，集成运算放大电路的最大不失真输出电压的峰—峰值。

除上述指标外，集成运算放大电路的参数还有共模输入电阻 R_{ic}、电源参数、静态功耗 P_C 等。

3.1.3 理想集成运算放大器

1. 理想集成运算放大器的特点

理想集成运算放大电路具有如下特点。

（1）开环差模电压放大倍数趋于无穷。

（2）输入电阻趋于无穷。

（3）输出电阻趋于零。

（4）共模抑制比趋于无穷。

（5）有无限宽的频带。

（6）当输入端 $u_- = u_+$ 时，$u_o = 0$。

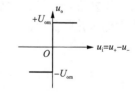

理想集成运算放大器

目前，集成运算放大电路的开环差模电压放大倍数均在 10^4 以上，输入电阻达到兆欧数量级，输出电阻在几百欧以下。因此，作近似分析时，常常对集成运算放大电路作理想化处理。

2. 理想集成运算放大器的传输特性

因为理想集成运算放大器的开环电压放大倍数 $A_{ud} \to \infty$，所以，理想运算放大器开环应用时不存在线性区。其传输特性如图 3-4 所示。当 $u_+ > u_-$ 时，输出电压为 $+U_{om}$，当 $u_+ < u_-$ 时，输出电压为 $-U_{om}$。

3. 理想集成运算放大器线性应用的两个依据

工作在线性状态的理想集成运算放大电路具有两个重要特性。

（1）$u_- \approx u_+$

由于开环放大倍数 $A_{ud} \to \infty$，可知

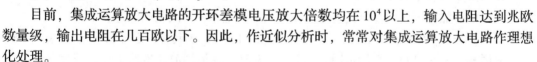

图 3-4　理想集成运算放大器的传输特性

$$u_{id} = u_- - u_+ = \frac{u_o}{A_{ud}} \approx 0$$

即

$$u_- \approx u_+ \tag{3-1}$$

上式表明，理想集成运算放大电路两输入端间的电压为 0，但又不是短路，故常称为"虚短"。

（2）$i_- = i_+ \approx 0$

由于集成运算放大电路的输入电阻 $R_i \to \infty$ 且 $u_- = u_+$，所以

$$i_- = i_+ \approx 0 \tag{3-2}$$

理想运放的两个输入端不取电流，但又不是开路，一般称为"虚断"。

对于工作在非线性状态的理想集成运算放大电路，具有：当 $u_- > u_+$ 时，$u_o = -U_{om}$；当 $u_- < u_+$ 时，$u_o = +U_{om}$。其中 U_{om} 是集成运算放大电路的正向或反向输出电压最大值。

【特别提示】

实用中，集成运算放大电路输出电压 u_o 与差分输入电压 $u_{Id} = u_- - u_+$ 之间的关系，可用图 3-3 所示的集成运算放大电路电压传输特性来描述。由图可知：集成运算放大电路工作在线性区时，输出电压与输入电压成正比；集成运算放大电路工作在非线性区时，输出电压为 $\pm U_{om}$，具体取正还是取负，由 u_- 与 u_+ 的大小决定。

3.2 基本运算电路

集成运算放大器的应用基本上可以分为两大类：线性应用和非线性应用。当集成运算放大器加深度负反馈后，可以闭环工作在线性区。集成运算放大器线性应用时可构成模拟信号运算电路、信号处理电路及正弦波振荡电路等。集成运算放大器线性应用的电路特征是：引入负反馈。集成运算放大器线性应用的分析依据是"虚短路"和"虚断路"。

3.2.1 比例运算电路

1. 反相比例运算电路

输入信号加在集成运算放大电路反相输入端的电路称为反相比例运算电路。

图 3-5 是反相比例运算电路。输入信号 u_i 经电阻 R_1 加到集成运算放大电路的反相端，而集成运算放大电路同相端经电阻 R_2 接地。为使集成运算放大电路工作在线性区，在集成运算放大电路的输出端与反相端之间接有反馈电阻 R_F。根据负反馈判别准则可知，该电路为电压并联负反馈。

由式（3-1）、式（3-2）和图 3-5 可知

$$u_- \approx u_+ = 0$$
$$i_- = i_+ \approx 0$$
$$i_I = i_F$$

而

$$i_I = \frac{u_i - u_-}{R_1} = \frac{u_i}{R_1}$$

$$i_F = \frac{u_- - u_o}{R_F} \approx -\frac{u_o}{R_F}$$

所以

$$\frac{u_i}{R_1} = -\frac{u_o}{R_F}$$

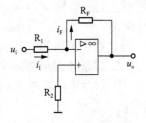

图 3-5 反相比例运算电路

整理得
$$u_o = -\frac{R_F}{R_1}u_i \tag{3-3}$$

式（3-3）表明，输出电压 u_o 与输入电压 u_i 之间存在着比例运算关系，比例系数由 R_F 与 R_1 阻值决定，与集成运算放大电路本身参数无关。改变 R_F 与 R_1 的阻值，可获得不同的比例值，从而实现了比例运算。

图 3-5 电路中，同相输入端电阻 R_2 对运算结果没有影响，只是为了提高集成运算放大电路输入级的对称性，使两个输入端电阻保持平衡，通常取 $R_2 = R_1 /\!/ R_F$。习惯上称 R_2 为平衡电阻。

若要获得闭环电压放大倍数，由电压放大倍数定义可得

$$A_{uf} = \frac{u_o}{u_i} = -\frac{R_F}{R_1} \tag{3-4}$$

式（3-4）中负号表明：输出电压 u_o 与输入电压 u_i 的相位总是相反的。

若取 $R_F = R_1$，则

$$u_o = -u_i$$

即输出电压与输入电压大小相等、相位相反，此时，反相比例运算电路称为反相器。

说明：

① 在反相比例运算电路中，同相端接地，$u_+ = 0$，使 $u_- \approx u_+ = 0$，相当于反相端也接"地"，这个"地"常称为"虚地"。由于输入信号由反相端输入，"虚地"的存在，使运算电路的输入电阻取决于 R_1 阻值的大小。考虑到信号源内阻，R_1 阻值不能取得很小，一般应比信号源内阻大。

② 为保证放大电路的稳定性，A_{uf} 不能过大，一般最大取 $A_{uf} = 200 \sim 500$。

③ 集成运算放大电路的负载一般由三极管、模拟电路和数字电路组成，为保证输出电压的稳定，其负载电阻一般在 $2 \sim 10 \mathrm{k\Omega}$。

2. 同相比例运算电路

输入信号加在集成运算放大电路同相输入端的电路称为同相比例运算电路。

图 3-6（a）是同相比例运算电路。输入信号 u_i 经电阻 R_2 加到集成运算放大电路的同相端，而集成运算放大电路的反相端经电阻 R_1 接地。为使集成运算放大电路工作在线性区，在集成运算放大电路的输出端与反相端之间接有反馈电阻 R_F。根据负反馈判别准则可知，该电路为电压串联负反馈。

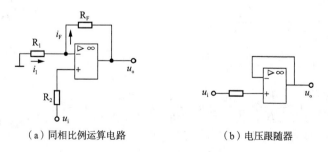

（a）同相比例运算电路　　　　　（b）电压跟随器

图 3-6　同相比例运算电路

由式（3-1）、式（3-2）和图 3-6 可知

$$u_- \approx u_+ = u_i$$

$$i_- = i_+ = 0$$

$$i_1 = i_F$$

$$i_F = \frac{u_- - u_o}{R_F} = \frac{u_i - u_o}{R_F}$$

而

$$i_1 = -\frac{u_-}{R_1} = -\frac{u_i}{R_1}$$

所以

$$\frac{u_i - u_o}{R_F} = -\frac{u_i}{R_1}$$

整理得

$$u_o = \left(1 + \frac{R_F}{R_1}\right) u_i \tag{3-5}$$

式（3-5）表明：输出电压 u_o 与输入电压 u_i 之间也存在着比例运算关系，比例系数由 R_F 与 R_1 的阻值决定，与集成运算放大电路本身参数无关。

图 3-6 电路中，因输入端通过集成运算放大电路的输入电阻接地，故同相比例运算电路的输入电阻很大，R_1 阻值的大小对信号源影响不大，但如果太小，当 R_F 阻值很小时，会影响输出电压。

若要获得闭环电压放大倍数，由电压放大倍数定义可得

$$A_{uf} = \frac{u_o}{u_i} = 1 + \frac{R_F}{R_1} \tag{3-6}$$

若取 $R_F = 0$，则

$$u_o = u_i$$

即输出电压与输入电压大小相等、相位相同，此时同相比例运算电路称为电压跟随器，如图 3-6（b）所示。

3.2.2 加减运算电路

1. 减法运算电路（也称差动运算电路）

在集成运算放大电路的两个输入端都加上输入信号，就构成了减法运算电路，如图 3-7 所示。图中减数 u_{i1} 加到反相输入端，被减数 u_{i2} 经 R_2、R_3 分压后加到同相输入端。

由图可知

$$u_- \approx u_+ = \frac{R_3}{R_2 + R_3} u_{i2}$$

$$i_{i1} = \frac{u_{i1} - u_-}{R_1} = i_F = \frac{u_- - u_o}{R_F}$$

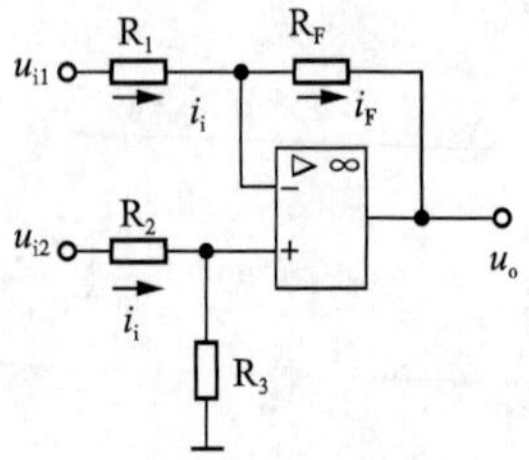

图 3-7　减法运算电路

故得

$$u_o = \left(1 + \frac{R_F}{R_1}\right) \frac{R_3}{R_2 + R_3} u_{i2} - \frac{R_F}{R_1} u_{i1} \tag{3-7}$$

（1）当 $R_1 = R_2$，$R_3 = R_F$ 时，式（3-8）为

$$u_o = \frac{R_F}{R_1} (u_{i2} - u_{i1})$$

即输出电压与输入电压的差值（$u_{i1} - u_{i2}$）成正比例。

（2）当 $R_1 = R_2 = R_3 = R_F$ 时，式（3-8）为

$$u_{\mathrm{o}} = u_{\mathrm{i}2} - u_{\mathrm{i}1} \qquad (3\text{-}8)$$

可见输出电压等于两个输入电压的差，从而能进行减法运算。

2. 加法运算电路

在集成运算放大电路的反相输入端增加若干个输入信号组成的电路，就构成反相加法运算电路，如图 3-8 所示。

因反相输入端为"虚地"，故得

$$i_{\mathrm{i}1} = \frac{u_{\mathrm{i}1}}{R_1}$$

$$i_{\mathrm{i}2} = \frac{u_{\mathrm{i}2}}{R_2}$$

$$i_{\mathrm{F}} = \frac{-u_{\mathrm{o}}}{R_{\mathrm{F}}} = i_{\mathrm{i}1} + i_{\mathrm{i}2} = \frac{u_{\mathrm{i}1}}{R_1} + \frac{u_{\mathrm{i}2}}{R_2}$$

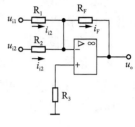

图 3-8　加法运算电路

于是，输出电压为

$$u_{\mathrm{o}} = -\left(\frac{R_{\mathrm{F}}}{R_1} u_{\mathrm{i}1} + \frac{R_{\mathrm{F}}}{R_2} u_{\mathrm{i}2} \right) \qquad (3\text{-}9)$$

当 $R_1 = R_2 = R_{\mathrm{F}}$ 时，则

$$u_{\mathrm{o}} = -(u_{\mathrm{i}1} + u_{\mathrm{i}2}) \qquad (3\text{-}10)$$

式（3-9）、式（3-10）表明：加法运算电路的输出电压与各输入电压之间存在着线性组合关系，与放大器本身参数无关，实现了加法运算。

【例 3.1】 在图 3-8 所示的反相加法运算电路中，若 $R_1 = 5\mathrm{k}\Omega$，$R_2 = 10\mathrm{k}\Omega$，$R_{\mathrm{F}} = 20\mathrm{k}\Omega$，$u_{\mathrm{i}1} = 1\mathrm{V}$，$u_{\mathrm{i}2} = 2\mathrm{V}$，最大输出电压 $U_{\mathrm{om}} = \pm 12\mathrm{V}$。求输出电压 u_{o}。

解： 由式（3-9）可得

$$u_{\mathrm{o}} = -\left(\frac{R_{\mathrm{F}}}{R_1} u_{\mathrm{i}1} + \frac{R_{\mathrm{F}}}{R_2} u_{\mathrm{i}2} \right) = -\left(\frac{20}{5} \times 1 + \frac{20}{10} \times 2 \right) = -8\mathrm{V}$$

因 $u_{\mathrm{o}} < U_{\mathrm{om}}$，故电路工作在线性区，可实现反相加法运算。

3.2.3　微分与积分运算电路

1. 积分运算电路

积分运算指集成运算放大电路的输出电压与输入电压的积分成比例的运算。积分运算电路如图 3-9 所示。图中，用 C_{F} 代替 R_{F} 构成反馈电路。

设电容器 C_{F} 上初始电压 $U_{\mathrm{C}}（0）= 0$，随着充电过程的进行，电容器 C_{F} 两端的电压为

$$u_{\mathrm{C}} = \frac{1}{C_{\mathrm{F}}} \int i_{\mathrm{C}} \mathrm{d}t$$

由图 3-9 可知

$$i_1 = \frac{u_{\mathrm{i}}}{R_1} = i_{\mathrm{C}}$$

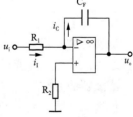

图 3-9　积分运算电路

故

$$u_{\mathrm{o}} = -u_{\mathrm{C}} = -\frac{1}{R_1 C_{\mathrm{F}}} \int u_{\mathrm{i}} \mathrm{d}t \qquad (3\text{-}11)$$

式（3-11）表明：输出电压 u_o 正比于输入电压 u_i 对时间 t 的积分，负号表示输出电压与输入电压相位相反。

若输入电压 u_i 是一恒定的直流电压 U_I，则有

$$u_o = \frac{U_I}{RC_F} t$$

这时，输出电压与积分时间成正比。因此，即使输入电压很小，但经过一段时间后输出电压也会积累到一定数值。这种特性在自动调节系统和测量系统中得到广泛应用。

2. 微分运算电路

微分运算是积分运算的逆运算。积分运算电路中，电阻 R_1 与电容 C_F 的位置对调一下，即得微分运算电路，如图 3-10 所示。

由图 3-10 可知

$$i_C = C_F \frac{\mathrm{d}u_C}{\mathrm{d}t} = C_F \frac{\mathrm{d}u_i}{\mathrm{d}t}$$

$$i_F = -\frac{u_o}{R_1} = i_C$$

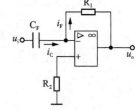

图 3-10　微分运算电路

故

$$u_o = -i_C R_1 = -G_F R_1 \frac{\mathrm{d}u_i}{\mathrm{d}t} \tag{3-12}$$

式（3-12）表明：输出电压 u_o 正比于输入电压 u_i 对时间的微分。若 u_i 是一恒定的直流电压，则 $u_o = 0$。

【特别提示】

进行运算时，输出量一定要反映输入量的某种运算结果，即输出电压将在一定范围内变化，所以集成运算放大电路必须工作在线性区。

3.3　运算放大器的应用

在自动控制系统中，经常用运算放大器组成信号处理电路实现滤波、采样保持及电压、电流的转换等。

3.3.1　有源滤波器

1. 滤波器概述

滤波器的作用：允许规定频率范围之内的信号通过，而使规定范围之外的信号不能通过（即受到很大的衰减）。

有源滤波器

滤波器的分类：

低通滤波器：允许低频信号通过，将高频信号衰减。

高通滤波器：允许高频信号通过，将低频信号衰减。

带通滤波器：允许某一频率范围的信号通过，将此频带以外的信号衰减。

带阻滤波器：阻止某一频带范围的信号通过，而允许此频带以外的信号通过。

由电阻和电容组成的滤波电路称为无源滤波器。无源滤波器无放大作用，带负载能力差，特性不理想。由有源器件运算放大器与 RC 组成的滤波器称为有源滤波器。与无源滤波

器相比，有源滤波器具有体积小、效率高和特性好等一系列优点，因而得到了广泛的应用。

2. 有源低通滤波器的工作原理

有源低通滤波电路如图 3-11 所示。

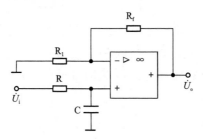

图 3-11　有源低通滤波电路

若滤波器输入为 $\dot{U}_i(j\omega)$，输出为 $\dot{U}_o(j\omega)$，则输出电压与输入电压之比是频率的函数，即

$$f\ (j\omega)\ = \frac{\dot{U}_o(j\omega)}{\dot{U}_i(j\omega)} \tag{3-13}$$

输出电压与输入电压的大小之比称为滤波器的幅频特性。

$$|f\ (j\omega)|\ == \left| \frac{\dot{U}_o(j\omega)}{\dot{U}_i(j\omega)} \right| \tag{3-14}$$

根据幅频特性可以判断滤波器的通频带。设输入电压为某一频率的正弦电压，则可用向量表示为

$$\dot{U}_+ = \dot{U}_- = \frac{\frac{1}{j\omega C}}{R + \frac{1}{j\omega C}}\dot{U}_i = \frac{1}{1 + j\omega RC}\dot{U}_i$$

根据同相比例运算电路的输入、输出关系，可得

$$\dot{U}_o = (1 + \frac{R_f}{R_1})\dot{U}_+ = (1 + \frac{R_f}{R_1})\frac{1}{1 + j\omega RC}\dot{U}_i \tag{3-15}$$

令 $\omega_0 = \frac{1}{RC}$，称为截止角频率，则其幅频特性为

$$\frac{\dot{U}_o}{\dot{U}_i} = (1 + \frac{R_f}{R_1})\frac{1}{\sqrt{1 + (\frac{\omega}{\omega_0})^2}}$$

当 $\omega \ll \omega_0$ 时，$\dfrac{\dot{U}_o}{\dot{U}_i} \approx (1 + \dfrac{R_f}{R_1})$。

当 $\omega = \omega_0$ 时，$\dfrac{\dot{U}_o}{\dot{U}_i} \approx \dfrac{(1 + \dfrac{R_f}{R_1})}{\sqrt{2}}$。

当 $\omega > \omega_0$ 时，$\dfrac{\dot{U}_\circ}{\dot{U}_i}$ 随 ω 的增大而减小。

当 $\omega \rightarrow \infty$ 时，$\dfrac{\dot{U}_\circ}{\dot{U}_i} = 0$。

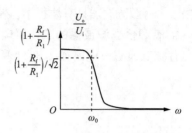

有源低通滤波器的幅频特性如图 3-12 所示。由图可以看出，有源低通滤波器允许低频段的信号通过，阻止高频段的信号通过。

图 3-12　有源低通滤波器的幅频特性

3.3.2　采样保持电路

在数字电路、计算机及程序控制的数据采集系统中常常用到采样保持电路。采样保持电路的功能是将快速变化的输入信号按控制信号的周期进行"采样"，使输出准确地跟随输入信号的变化，并能在两次采样的间隔时间内保持上一次采样结束的状态。

采样保持电路

1. 采样保持电路工作原理

采样保持电路能够跟踪或者保持输入模拟信号的电平值。在理想状况下，当处于采样状态时，采样保持电路的输出信号跟随输入信号变化而变化；当处于保持状态时，采样保持电路的输出信号保持为接到保持命令的瞬间的输入信号电平值。

一个典型的采样保持电路模型如图 3-13 所示。

当电路处于采样状态时开关导通，这时电容充电，如果电容值很小，电容可以在很短的时间内完成充放电，此时，输出端输出信号跟随输入信号的变化而变化；当电路处于保持状态时开关断开，此时，由于开关断开以及集成运算放大电路的输入端呈高阻状态，电容放电缓慢，由于电容一端接由集成运算放大电路构成的信号跟随电路，所以输出信号基本保持为断开瞬间的信号电平值。

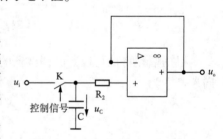

图 3-13　采样保持电路典型模型

（1）采样状态

控制开关 K 闭合，电路处于采样状态，u_i 对电容器 C 进行充电，此时输出跟随输入变化。

（2）保持状态

控制开关 K 断开，由保持电容 C 维持该电路的输出不变。

运算放大器：典型的跟随器接法。如输入阻抗高，则保持状态（K 断开）下 C 放电小，保持电压不变；输出阻抗低，则采样保持电路的负载能力大。

2. 采样脉冲的频率

由图 3-14 可知，采样脉冲的频率 $f_s\,(f_s = 1/T_s)$ 越高，采样越密，采样值越多，采样信号的包络线越接近输入信号的波形。假设输入信号的最高频率为 f_m，则根

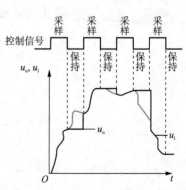

图 3-14　采样保持电路输入、输出波形

据采样定理可知，当采样频率 $f_s > 2f_m$ 时，采样信号可正确反映输入信号。

通常对直流或缓变低频信号进行采样时可不用采样保持电路。

3.3.3　信号变换电路

信号变换电路

1. 电压–电压变换器

图 3-15 所示电压–电压变换器电路可以将稳压管稳压电路得到的固定基准电压转换为需要的电压数值，即 $u_o = -\dfrac{R_f}{R_1}U_Z$，改变反馈电阻 R_f 可以方便地改变输出电压的大小。

2. 电压–电流变换器

电压–电流转换器是将输入的电压信号转换成电流信号的电路，是电压控制的电流源。

在需要产生与电压成比例的电流的场合，可以应用由放大器组成的电压–电流变换器，如图 3-16 所示。其输出电流为 $I_o = -\dfrac{u_i}{R}$。输出电流与输入电压成正比，与负载电阻无关。

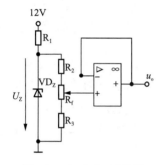

图 3-15　电压–电压变换器

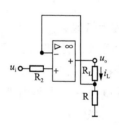

图 3-16　电压–电流变换器

3. 电流–电压变换器

电流–电压变换器的作用是将输入电流转换为与其成正比的输出电压。例如，将光电管产生的光电流转换为与其成正比的电压的电路，如图 3-17 所示。电路中 $-E$ 的作用是使光电二极管工作在反向状态。当有光照时，光电二极管产生光电流 i_L，运算放大器的输出电压正比于 i_L，则

$$u_o = i_L R_f \tag{3-16}$$

光照越强，i_L 越大，输出电压越大。

4. 电流–电流变换器

图 3-18 所示为电流–电流变换器。电路输入为电流信号，输出为流过负载电阻的电流 i_L。

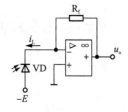

图 3-17　电流–电压变换器

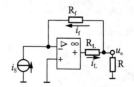

图 3-18　电流–电流变换器

因为

$$i_{\mathrm{f}} = i_{\mathrm{L}} \frac{R}{R_{\mathrm{f}} + R} = -i_{\mathrm{S}}$$

$$i_{\mathrm{f}} + i_{\mathrm{S}} = 0$$

$$i_{\mathrm{f}} = -i_{\mathrm{S}}$$

所以

$$i_{\mathrm{L}} = -i_{\mathrm{S}}\left(1 + \frac{R_{\mathrm{f}}}{R}\right) \qquad (3\text{-}17)$$

实现了电流-电流变换功能。

3.4 集成运算放大电路使用时的注意事项

目前集成运算放大电路应用很广，在选型、使用和调试时应注意下列一些问题，以达到使用要求及精度，避免在调试过程中损坏器件。

3.4.1 选用集成运算放大电路型号

集成运算放大电路主要有以下技术指标。

1. 开环电压放大倍数 A_{ud}

开环电压放大倍数 A_{ud} 指集成运算放大电路在开环状态下的差模电压放大倍数。集成运算放大电路虽然很少在开环状态下应用，但开环电压放大倍数代表了放大器的放大能力，是决定运算精度的一个重要因素。一般要求 A_{ud} 数量级越高越好，高质量的集成运算放大电路 A_{ud} 可达 140dB 以上。

2. 输入失调电压 u_{IO}

一个理想的集成运算放大电路，当输入电压为零时，输出电压也应为零（不加调零装置）。但实际上它的差分输入级很难做到完全对称，通常在输入电压为零时，存在一定的输出电压。

输入失调电压 u_{IO} 指输入电压为零时，输出端出现的电压换算到输入端的数值，或指为了使输出电压为零而在输入端加的补偿电压。输入失调电压的大小主要反映了差分输入元件的失配，特别是 U_{BE} 和 R_{C} 的失配程度。输入失调电压值一般为 $1\sim10\mathrm{mV}$，高品质的集成运算放大电路在 1mV 以下。

3. 输入失调电流 i_{IO}

输入失调电流 i_{IO} 指输出为零时，流入放大器两输入端的静态基极电流之差。输入失调电流的大小反映了差分输入级两个三极管 β 的失调程度，i_{IO} 一般以 nA 为单位。

4. 共模抑制比 K_{CMR}

共模抑制比 K_{CMR} 在应用中也是一个很重要的参数，其数值一般在 80dB 以上。

5. 差模输入电阻 R_{id}

集成运算放大电路的差模输入电阻 R_{id} 指运放在开环条件下，两输入端之间的等效电阻，一般为几兆欧。

6. 输出电阻 R_{o}

集成运算放大电路的输出电阻 R_{o} 指在开环条件下，从输出端和地端看进去的等效电阻。R_o 的大小反映了集成运算放大电路的负载能力。

　　根据上述性能指标，集成运算放大电路可分为高放大倍数的通用型，高输入阻抗、低漂移、低功耗、高速、高压、大功率和电压比较器等专用型。在具体应用时，应结合性能要求选用。为减小集成运算放大电路输出误差，尽可能选用开环差模电压放大倍数 A_{ud} 和差模输入电阻 R_{id} 都较大的器件型号。在精度要求较高时，还应选用低漂移的集成运算放大电路器件。

3.4.2　在使用集成运算放大电路时应熟悉管脚的功能

　　集成运算放大电路类型很多，而每一种集成运算放大电路的管脚数，每一管脚的功能和作用均不相同。因此，在使用前必须充分查阅该型号器件的资料，熟悉其使用方法。

　　常用的集成运算放大电路有单运放电路 μA841（F008）、双运放电路 F353、四运放电路 F4156 等，这些集成电路的电源均为 ±15V，各引脚功能如图 3-19 所示。

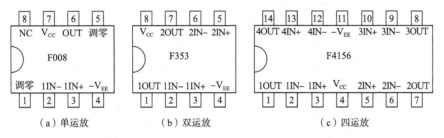

图 3-19　常用集成运算放大电路引脚功能

3.4.3　集成运算放大电路的消振与调零

1. 自激振荡的消除

　　常用的集成运算放大电路大多数内部已设置消除自激振荡的补偿网络，如 μA841（F008）等。但还有一些集成运算放大电路，如 F004 等，仍需外接消振补偿网络才能使用，如图 3-20（a）中的 R_2C。

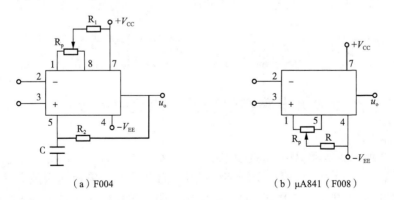

（a）F004　　　　　　　（b）μA841（F008）

图 3-20　集成运算放大电路的调零

2. 电路的调零

　　集成运算放大电路在使用时，要求零输入时为零输出。因此，除了要求运放的同相和反相两输入端的外接直流通路等效电阻保持平衡之外，还应采用调零电位器进行调节，如

图 3-20 所示。具体措施是在输入端接地状态下，调节 R_P 的阻值使输出 u_o 为零。

3.4.4 输入保护

当运放的差模或共模输入信号电压过大时，会引起集成运算放大电路输入级的损坏。另外，当集成运算放大电路受到强干扰信号或同相输入时，共模信号过大，会使输入级三极管的集电结处于正偏，形成集电极与基极信号极性相同，通过外电路形成正反馈，使输出电压突然骤增至正电源或负电源电压值，产生自锁现象。这时集成运算放大电路出现信号加不进去或不能调零的现象，在集成运算放大电路尚未被损坏时，暂时切断电源，重新通电后可恢复正常工作。但自锁严重时，也会损坏集成运算放大电路。为此，可在集成运算放大电路输入端加限幅保护，如图 3-21 所示。其中图 3-21 （a）用于反相输入差模信号过大的限幅保护；图 3-21 （b）用于同相输入共模信号过大的限幅保护。

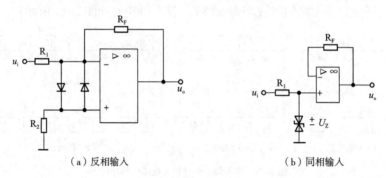

（a）反相输入　　　　　　　　　　（b）同相输入

图 3-21　输入保护电路

【特别提示】

在调试过程中处理不当，极易损坏集成运算放大电路，下列问题应引起注意。

1. 必须在切断电源情况下更换元件。在集成运算放大电路接通电源时，更换元件，易使集成运算放大电路工作不正常而损坏。

2. 在加信号前应先进行消振和调零，若器件内部有补偿网络，不需再消振。

3. 当输出端信号出现干扰时，应采用抗干扰措施或加有源滤波进行消除。

3.5　集成运算放大电路的应用举例

3.5.1　集成运算放大电路在仪表放大电路中的应用

1. 电路原理图

如图 3-22 所示为实际中仪表放大电路，分成左、中、右三个部分，左边部分是电桥电路，其中 R_{15} 为电桥调零电阻；中间部分是仪表放大电路，它有两级放大，具有高输入阻抗，低输出阻抗的优点，其中可调电阻 R_{16} 是用来调节电路电压放大的增益的；右边的部分是反向比例放大器，其中可调电阻 R_{18} 是用来调节电压的增益的，电阻 R_{17} 是用来调节两输入端电阻的平衡，即同相、反相两输入端电阻要相等。

2. 调试过程

首先把电路板的电源接好；将 R_1、R_2、R_3、R_4 用 3 个 4.8 kΩ 的电阻和 10 kΩ 可调电

阻取代（注意可调电阻的连接方法，中间是抽头部分，两端是一个固定的 10 kΩ 的电阻，把它调整到 4.8 kΩ 左右，连接中间的一个脚和左右两边任意一个脚）；调节可调电阻 R_{15}，对电桥进行调零，用 DrVI（或示波器）进行观察使输出电压为零；调节连接到电桥的可调电阻，观察其电路输出变化情况；从 In1、In2 直接输入两个电压信号，调节两个输入电压；观察输出的结果。

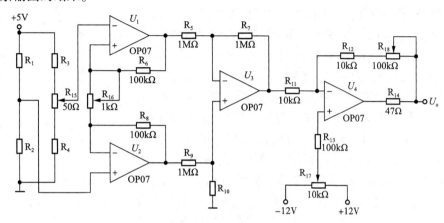

图 3-22　仪表放大电路

3.5.2　集成运算放大电路在光强度自动报警控制系统中的应用

现行的光控仪，如光强测量仪、光控报警系统等，种类繁多。光控仪一般采用光电池作为传感器，当不同强度的光照射在光电池上，光电池有不同的短路电流 I_{SC} 和开路电压 V_{OC}。由图 3-23 可知短路电流 I_{SC}-光强特性是一条直线，即短路电流在很宽的光强范围内，与光强成线性关系，而开路电压是非线性的，而且，在当光强较小，约 20mW/cm^2 时，短路电压就趋于饱和。因此，要想用光电池来测量或控制光的强弱，应当利用光电池的短路电流特性。

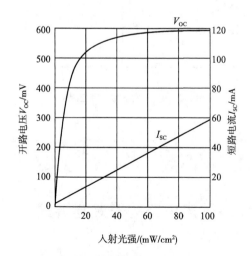

图 3-23　光电池的工作特性曲线

如图 3-24 所示为电流-电压转换电路集成运算放大电路。当环境光照强度减弱到一定程度时，即光电池短路电流减小到一定程度，光强度控制电路接通环境内照明灯；而当环境光强超过某一值时，光强度控制电路自动熄灭照明灯。如果采用电流-电压转换电路将光电池短路电流放大并转换成电压信号，电流区间控制就转换为相应的电压区间控制。

图 3-24 所示电流-电压转换电路的输出 U_o 作为图 3-25 所示光强度的自动报警控制系统的输入 U_i。改变照射光电池的光强时，电流-电压转换电路输出光强较大、较小时分别对应输出电压 U_o 的较大值 U_{oh} 和较小值 U_{ol}，再调节 W_1 和 W_2，使集成运算放大电路 IC_1 和 IC_2 输入分别对应 U_{oh} 和 U_{ol}。当 $U_o > U_{oh}$ 时，IC_1 输出低电平，发光二极管 LED2 正向导通发光报警，同时使 NE555 时基电路输出低电平，对 CD4017（上跳沿有效）的脚 14 而言输入是下降沿，故 CD4017 不工作。IC_2 输出低电平，发光二极管 LED1 和蜂鸣器不工作。当 $U_o < U_{ol}$ 时，IC_1 输出高电平，发光二极管 LED2 截止，NE555 时基电路输出高电平，而 IC_2 输出高电

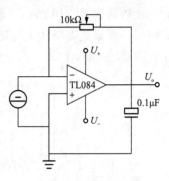

图 3-24 电流-电压转换电路集成运算放大电路

平，发光二极管 LED1 和蜂鸣器工作，同时使 CD4017 的脚13 端置 1，计数器停止。当 $U_{ol} < U_o < U_{oh}$ 时，IC_1 输出高电平，IC_2 输出低电平，发光二极管 LED1 和蜂鸣器都不工作，同时 NE555 时基电路输出高电平，CD4017 的端为低电平，CD4017 计数，它控制的 10 个二极管顺次发光，表示正常工作。

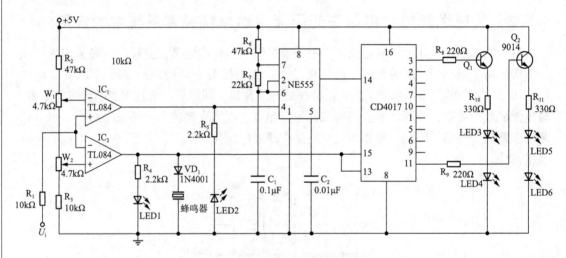

图 3-25 光强度自动报警控制系统

实 践 项 目

实训 3.1 卡拉 OK 消歌声电路的安装与调试

一、工具器材

工具：螺钉旋具、尖嘴钳、剥线钳、电烙铁、镊子等。

仪表：万用表、示波器等。

器材：信号发生器、焊料等。

二、卡拉 OK 消歌声电路的安装步骤

卡拉 OK 消歌声电路的安装一般应按下列过程和原则进行。

1. 元器件的选取与检测

根据设计好的电路原理图中的元器件参数，选取符合性能要求的元器件；确定每一个元器件的结构、形状、尺寸，以便电路板的设计；对确定的每一个元器件都要进行质量和参数的测量，以确定元器件的质量和元器件参数符合要求；最后确定选用的元器件。

卡拉 OK 消歌声电路原理如图 3-26 所示。

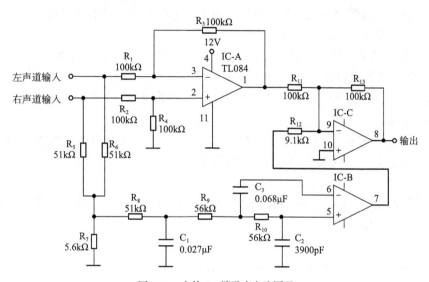

图 3-26　卡拉 OK 消歌声电路原理

2. 电路板的制作

根据设计的电路原理图，应用 EDA 技术和选用的元器件的结构、形状、尺寸设计印刷电路板图（见图 3-27）。自制作电路板时，设计的印刷电路板图要打印并粘贴到覆铜板上，而后进行腐蚀加工、修整及钻孔，也可到专业加工厂制作。印刷电路板设计时，元器件的布局排列要合理，为保证产品可靠稳定的工作，元器件的布局排列应符合下列要求。

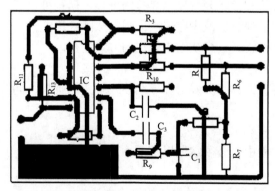

图 3-27　卡拉 OK 消歌声电路印刷电路板图

（1）元器件布局的原则

① 应保证电路性能指标的实现；② 有利于布线，方便于布线；③ 满足结构工艺的要

求；④ 有利于设备的装配、调试和维修。

（2）元器件排列的方法及要求

元器件位置的排列方法，因电路要求不同、结构设计各异，以及设备不同的使用条件等情况，其排列方法有多种。常见的排列方式有以下几种。

按电路组成顺序成直线排列，按电路性能及特点的排列，按元器件的特点及特殊要求排列，从结构工艺上考虑元器件的排列等。

根据电路原理图组成的顺序（即根据主要信号的放大、变换的传递顺序）按级成直线布置。电子管、晶体管电路及以集成电路为中心的电路常采用该排列方式。

这种排列的优点包括以下几方面。

① 电路结构清楚，便于布设、检查，也便于各级电路的屏蔽或隔离。

② 输出级与输入级相距甚远，使级间寄生反馈减小。

③ 前后级之间衔接较好，可使连接线最短，减小电路的分布参数。

3. 焊接元器件

元器件确定和电路板制作后，下一步是元器件的焊接。元器件的焊接要符合焊接工艺的要求，即预加工、正确焊接、检查和实验验证。

（1）预加工

元器件、导线的预加工，分为以下几个过程，即剪裁、剥头、捻头（多股线）、搪锡、清洗和印标记等工序。

① 剪裁

剪裁是指按工艺文件的导线加工表的规定进行导线的剪切。

② 剥头

剥头是将绝缘导线的两端去除一段绝缘层，使芯线导体露出的过程。导线剥头方法通常分为热截法和刃截法两种。

③ 捻头

多股导线剥头后，必须进行捻头处理。捻头的方法是：按多股芯线原来合股的方向扭紧，芯线扭紧后不得松散，一般捻线角度约为30°～45°。

④ 搪锡（又称上锡）

搪锡是指对捻紧端头的导线进行浸涂焊料的过程。搪锡可以防止已捻头的芯线散开及氧化，并可提高导线的可焊性，减少虚焊、假焊的故障现象。

搪锡可采用搪锡槽搪锡或电烙铁手工搪锡的方法进行。

⑤ 清洗

采用无水酒精作清洗液，清洗残留在导线芯线端头的脏物，同时又能迅速冷却浸锡导线，保护导线的绝缘层。

（2）正确焊接

手工焊接的操作过程中，必须掌握以下要领。

① 做好焊前准备。

② 掌握电烙铁加热焊点的方法及焊料的供给方法。

③ 掌握电烙铁的撤离方法。

④ 掌握合适的焊接时间和温度。

⑤ 做好焊接后的处理工作。

（3）检查

焊接后的检查是关系产品质量的重要因素。检查的内容主要包括有无漏焊、虚焊、拉尖、桥接、球焊、印制电路板铜箔起翘、焊盘脱落、导线焊接不当等，并进行即时修整。

（4）实验验证

焊接好的电路要进行实验验证才能使用，通电实验验证前要求先进行外观检查，在无直观问题的前提下才能进行通电实验验证。实验验证的目的是证明设计的正确性和技术参数符合要求。

通电实验验证后，若符合要求，即可整理技术文档并进行实践应用；若不符合要求，要进行调试和检修，直到符合设计与技术要求。实验中发现问题应即时断电检查，分析产生问题的原因，提出解决问题的方法，然后再进行检查与维修，直到问题解决。

三、卡拉 OK 消歌声电路的调试

电路调试通常有通电观察、静态调试、动态调试等方法。

1. 通电观察

通电后不要急于测量电气指标，而要观察电路有无异常现象，例如有无冒烟现象，有无异常气味，集成电路外封装是否发烫（采用手摸方式）等。如果出现异常现象，应立即关断电源，待排除故障后再通电。

2. 静态调试

静态调试一般是指在不加输入信号，或只加固定的电平信号的条件下进行的直流测试，可用万用表测出电路中各点的电位，通过和理论估算值比较，结合电路原理的分析，判断电路直流工作状态是否正常，及时发现电路中已被损坏或处于临界工作状态的元器件，通过更换元器件或调整电路参数，使电路直流工作状态符合设计要求。

3. 动态调试

动态调试是在静态调试的基础上进行的，即在电路的输入端加入合适的信号，按信号的流向，顺序检测各测试点的输出信号，若发现不正常现象，应分析其原因，并排除故障，再进行调试，直到满足要求。

四、填表

在表 3-1 中正确填写安装所需元器件的名称、型号/规格、数量、配件型号、实测情况等信息。

表 3-1　元器件型号与测试列表

序号	名　称	型号/规格	数量	配件型号	实测情况
1					
2					
3					
4					
5					
6					
7					
8					
9					
10					

模拟电子技术应用（微课版）

五、评分标准

评分标准见表3-2。

表3-2 "卡拉OK消歌声电路的安装与调试"项目实施过程考核表

一级指标	二级指标	指标内涵	考核方法	教师评价得分	小组评价得分	合计得分
知识点（30%）	消歌声电路的组成；消歌声电路的基本原理	掌握消歌声电路的基本组成；掌握消歌声电路的基本原理	采用课堂问答、小测验或答卷等方式来考核学生对知识点的掌握情况，并进行评分	50×60%	50×40%	
	消歌声电路的制作方法步骤；消歌声电路的调试方法步骤	掌握消歌声电路的制作方法步骤；掌握消歌声电路的调试方法步骤	可采用现场问答或现场检测、操作的方式来考核学生对知识点的掌握情况，并进行评分	50×60%	50×40%	
技能点（50%）	识别器件能力；电路安装能力；电路参数测量能力	能够识别器件；会电路的安装；能正确测量电路参数	采用现场操作的方式，来考核学生对技能点的掌握情况，并进行评分	60×60%	60×40%	
	电工工具、电工仪表的应用能力；电路的调试能力	能够熟练使用常用电工工具、电工仪表；会电路的调试	采用现场操作的方式，来考核学生对技能点的掌握情况，并进行评分	40×60%	40×40%	
综合素质（20%）	管理能力	安排并有效利用时间完成阶段工作任务和制订有效学习、工作计划等	根据平时学习和工作中的表现进行评分	20×60%	20×40%	
	自主学习能力	能不断获得新知识、新技能来适应新的环境，自主学习能力强	根据平时学习和工作中的表现进行评分	30×60%	30×40%	
	合作、创新能力	具有较强的团队合作意识；在学习和工作中勤于思考，积极发表自己的见解；在实验、实习、实训等环节中善于动脑，乐于探索，有一定的创新见解	根据平时学习、工作和在实验、实习、实训环节中的表现进行评分	50×60%	50×40%	
综合得分（100%）						
教师签名			日期		年 月 日	

本 章 小 结

1. 利用负反馈技术, 根据外接线性反馈元件的不同, 可用集成运算放大器构成比例、加减、微分、积分等基本运算电路。运算电路中反馈电路都必须接到反相输入端以构成负反馈, 使运算放大器工作在线性区。

比例运算电路是最基本的运算电路, 分为反相输入和同相输入两种。反相比例运算电路的特点是电路构成深度电压并联负反馈, 运算放大器共模输入信号为零, 但输入电阻较低, 其值决定于反相输入端所接元件。同相比例运算电路的特点是电路构成深度电压串联负反馈, 运算放大器两个输入端对地电压等于输入电压, 故有较大的共模输入信号, 但它的输入电阻很大, 可趋于无穷大,

2. 滤波器是用来选取所需频段的信号而抑制不需要频率成分的电路。它有无源和有源两大类, 按功能不同, 滤波器又有低通、高通、带通和带阻滤波器等。无源 RC 低通和高通滤波电路具有对偶关系, 它们的截止频率决定于 RC 电路的时间常数 τ 的倒数, 在截止频率处输出信号比通带输出信号衰减 3dB。

用集成运算放大电路组成的有源滤波器与无源滤波器相比, 除了通带内可提供定的增益外, 还有负载 R_L 对滤波器特性影响小的优点。为使滤波器阻带内有更快的衰减速度, 可采用二阶及更高阶数的有源滤波器。一阶滤波器阻带幅频特性以 20dB/10 倍频的斜率衰减, 二阶滤波器以 40dB/10 倍频的斜率衰减, 阶数越高阻带幅频特性衰减的速度就越快。

3. 集成运算放大电路用于对交流小信号进行放大时可采用电容耦合, 此时可不考虑运算放大器输入失调的影响, 但要考虑耦合电容对直流通路的影响, 电路应设法保证直流通路的畅通。耦合电容同时会对放大电路的下限频率 f_L 产生影响, 故耦合电容的容量应满足放大电路的下限频率的需要。集成运算放大电路构成交流放大器时, 常采用单电源供电。此时运算放大器的两输入端和输出端的静态电压不能为零, 一般取电源电压 V_{CC} 的一半, 而且输出端必须接有输出电容, 以构成 OTL 电路。

4. 集成运算放大电路是一种高增益直接耦合放大器, 实用中有许多种类型, 选用时应注意区分适用场合。掌握集成运算放大电路理想化条件是分析集成运算放大电路在线性和非线性应用时的基本概念和重要原则。理想运放线性应用时, 若反相输入则有 $U_- = U_+ = 0$; 若同相输入或差分输入则有 $U_- = U_+$。理想运放在开环或正反馈下作非线性器件时, 其输出只有 $\pm U_{om}$ 两种状态。集成运算放大电路在使用时还要注意零点调整、消振、输入输出保护等, 避免发生意外损坏。通过学习要掌握加减法运算电路、比例运算电路、积分运算电路、微分运算电路的电路结构及工作原理, 并能熟练掌握集成运算放大电路的综合应用, 通过卡拉 OK 消歌声电路的安装与调试系统掌握集成运算放大电路的综合典型应用。

自 我 测 试

一、填空题

1. 运算电路中的集成运算放大器应工作在_____区, 为此运算电路中必须引入_____反馈。

2. 反相比例运算电路的主要特点是输入电阻_____，运算放大器共模输入信号为_____；同相比例运算电路的主要特点是输入电阻_____，运算放大器共模输入信号_____。

3. 无源 RC 低通滤波电路在截止频率处输出电压是出入电压的_____倍，即衰减_____dB，相移为_____。

4. 晶体管有 3 个频率参数，f_β 称为_____，f_a 称为_____，f_t 称为_____。

5. 集成运算放大器开环差模电压增益比直流增益下降 3dB 所对应的信号频率称为_____，开环差模电压值下降到 0dB 所对应的信号频率称为_____。

6. 集成运算放大器交流放大电路采用单电压源供应时，运算放大器两个输入端的静态点位不能为_____，运算放大器输出端必须接有输出_____。

二、选择题

1. 若实现函数 $u_o = I + 4I - 4I$，应选用（   ）运算电路。

    A. 比例   B. 加减   C. 积分   D. 微分

2. 欲将方波电压转换成三角波电压，应选用（   ）运算电路。

    A. 微分   B. 积分   C. 乘法   D. 除法

3. 集成运算放大器开环电压增益为 10^6，开环带宽 BW = 5Hz，若用它构成闭环增益为 50 倍的同相放大电路，则其闭环带宽 BW_f 为（   ）Hz。

    A. 5×10^5 B. 10^5 C. 250   D. 5

三、判断题

1. 凡是集成运算放大器构成的电路，都可用"虚短"和"虚断"概念加以分析。

                                                （   ）

2. 放大电路低频段没有转折频率，则说明该电路采用了直接耦合方式。（   ）

3. 某集成运算放大器开环带宽为 5Hz，由于其非常低，所以该运算放大器只能用于构成直流放大电路。

                                                （   ）

4. 与无源滤波器相比较，有源滤波器具有可提供通带内增益，负载对滤波特性影响小等优点。

                                                （   ）

习　题

一、选择题

1. 集成运算放大电路的主要参数中，不包括（   ）。

    A. 输入失调电压   B. 开环放大倍数

    C. 共模抑制比   D. 最大工作电流

2. 差模输入信号是两个输入信号的（   ）。

    A. 和   B. 差   C. 比值   D. 平均值

3. 集成运算放大电路组成（   ）输入放大器的输入电流基本上等于流过反馈电阻的电流。

    A. 同相   B. 反相   C. 差动   D. 以上三种都不行

4. 集成运算放大电路组成（   ）输入放大器的输入电流几乎等于零。

A. 同相　　　　B. 反相　　　　C. 差动　　　　D. 以上三种都不行

5. 集成运算放大电路组成（　　）输入放大器输入电阻大。

A. 同相　　　　B. 反相　　　　C. 差动　　　　D. 以上三种都不行

6. 如要求能放大两信号的差值，又能抑制共模信号，应采用（　　）输入方式电路。

A. 同相　　　　B. 反相　　　　C. 差动　　　　D. 以上三种都不行

7. 输出量与若干个输入量之和成比例关系的电路称为（　　）。

A. 加法电路　　B. 减法电路　　C. 积分电路　　D. 微分电路

8. 如果要将正弦波电压移相 $+80°$，应选用（　　）。

A. 反相比例运算电路　　　　　　B. 同相比例运算电路

C. 积分运算电路　　　　　　　　D. 微分运算电路

9. 欲将正弦波电压叠加上一个直流量，应选用（　　）。

A. 加法运算电路　　　　　　　　B. 减法运算电路

C. 积分运算电路　　　　　　　　D. 微分运算电路

10. 欲实现 $A_u = -100$ 的放大电路，应选用（　　）。

A. 反相比例运算电路　　　　　　B. 同相比例运算电路

C. 积分运算电路　　　　　　　　D. 微分运算电路

11. 集成运算放大电路调零和消振应在（　　）进行。

A. 加信号前　　　　　　　　　　B. 加信号后

C. 自激振荡情况下　　　　　　　D. 以上情况都不行

二、填空题

1. 理想集成运算放大电路的 A_{ud} = _____，K_{CMR} = _____。

2. 理想集成运算放大电路的开环差模输入电阻 R_L = _____，开环差模输出电阻 R_o = _____。

3. 电压比较器中集成运算放大电路工作在非线性区，输出电压 U_o 只有 _____ 或 _____ 两种的状态。

4. 集成运算放大电路工作在线性区的必要条件是 _____。

5. 集成运算放大电路工作在非线性区的必要条件是 _____，特点是 _____，_____。

6. 集成运算放大电路在输入电压为零的情况下，存在一定的输出电压，这种现象称为 _____。

7. 反相输入式的线性集成运算放大电路适合放大 _____（a. 电流、b. 电压）信号，同相输入式的线性集成运算放大电路适合放大 _____（a. 电流、b. 电压）信号。

8. 反相比例运算电路组成电压 _____（a. 并联、b. 串联）负反馈电路，而同相比例运算电路组成电压 _____（a. 并联、b. 串联）负反馈电路。

9. 分别选择"反相"或"同相"填入下列各空内。

（1）_____ 比例运算电路中集成运算放大电路反相输入端为虚地，而 _____ 比例运算电路中集成运算放大电路两个输入端的电位等于输入电压。

（2）_____ 比例运算电路的输入电阻大，而 _____ 比例运算电路的输入电阻小。

（3）_____ 比例运算电路的输入电流等于零，而 _____ 比例运算电路的输入电流等于流过反馈电阻中的电流。

（4）_____比例运算电路的比例系数大于1，而_____比例运算电路的比例系数小于零。

10. 分别填入各种放大器名称。

（1）_____运算电路可实现 $A_u > 1$ 的放大器。

（2）_____运算电路可实现 $A_u < 0$ 的放大器。

（3）_____运算电路可将三角波电压转换成方波电压。

（4）_____运算电路可实现函数 $Y = aX_1 + bX_2 + cX_3$，a、b 和 c 均大于零。

（5）_____运算电路可实现函数 $Y = aX_1 + bX_2 + cX_3$，a、b 和 c 均小于零。

11. 集成放大器的非线性应用电路有_____、_____等。

12. 在运算电路中，运算放大器工作在_____区；在滞回比较器中，运算放大器工作在_____区。

13. _____和_____是分析集成运算放大器线性区应用的重要依据。

三、判断题

1. 当集成运算放大电路工作在非线形区时，输出电压不是高电平就是低电平。
（ ）

2. 理想的差动放大电路，只能放大差模信号，不能放大共模信号。（ ）

3. 运放的输入失调电压 u_{IO} 是两输入端电位之差。（ ）

4. 运放的输入失调电流 I_{IO} 是两端电流之差。（ ）

5. 运放的共模抑制比 $K_{CMR} = \left| \dfrac{A_d}{A_c} \right|$。（ ）

6. 有源负载可以增大放大电路的输出电流。（ ）

7. 在输入信号作用时，偏置电路改变了各放大管的动态电流。（ ）

8. 运算电路中一般均引入负反馈。（ ）

9. 同相比例运算电路的闭环电压放大倍数数值一定大于或等于1。（ ）

10. 在运算电路中，集成运算放大电路的反相输入端均为虚地。（ ）

11. 凡是运算电路都可利用"虚短"和"虚断"的概念求解运算关系。（ ）

12. 集成运算放大电路构成放大电路不但能放大交流信号，也能放大直流信号。
（ ）

13. 为了提高集成运算放大电路组成的放大电路增益，可选用 $10M\Omega$ 电阻作为反馈电阻。（ ）

14. 反相输入式集成运算放大电路的虚地可以直接接地。（ ）

15. 只要集成运算放大电路引入正反馈，就一定工作在非线性区。（ ）

16. 一般情况下，在电压比较器中，集成运算放大电路不是工作在开环状态，就是仅仅引入了正反馈。（ ）

四、简答题

1. 理想运算放大器有哪些特点？什么是"虚断"和"虚短"？

2. 关系式 $u_o = A(u_+ - u_-)$ 的适用条件是什么？为什么要引入深度负反馈才能使运放工作于线形区？

3. 试比较同相比例放大器和反相比例运算放大器的异同点？

4. 试列举集成运算放大器的线性应用。

5. 试列举集成运算放大器的非线性应用。

五、计算题

1. 试计算图 3-28 中电路输出电压 u_o。

2. 图 3-29 所示为积分电路，求其输出电压与输入电压的关系式。

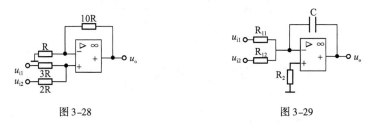

图 3-28　　　　　　　　　　　　图 3-29

3. 已知运算放大器如图 3-30 所示，运放的饱和值为 $\pm 10V$，$u_i = 6V$，$R_1 = 20k\Omega$，$R_2 = 40k\Omega$，$R_3 = 20k\Omega$，$R_4 = 10k\Omega$，$R_{F1} = R_{F2} = 40k\Omega$。求：$u_{o1}$，$u_o$ 的值。

4. 试计算图 3-31 所示电路的输出电压 u_o。

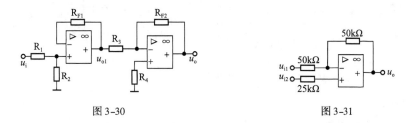

图 3-30　　　　　　　　　　　　图 3-31

5. 已知运算放大器如图 3-32 所示，运放的饱和值为 $\pm 10V$，$u_{i1} = 6V$，$u_{i2} = 2V$，$R_1 = 20k\Omega$，$R_2 = 40k\Omega$，$R_3 = 20k\Omega$，$R_4 = R_5 = R_6 = 200k\Omega$，$R_1 = R_{F2} = R_8 = 100k\Omega$，$C = 10\mu F$。

求：（1）u_{o1}，u_{o2}，u_o 的值或者表达式；（2）$t = 1s$，$t = 2s$ 时的 u_o 的值。

6. 电动单元组合仪表，DDZ-Ⅱ型的输出标准为 $0 \sim 10mA$，而 DDZ-Ⅲ型的输出标准为 $4 \sim 20mA$。图 3-33 所示的电路能将 $0 \sim 10mA$ 输入，转换为 $0 \sim 5V$ 输出，或将 $4 \sim 20mA$ 的出入，转换为 $1 \sim 5V$ 输出。若取 $R_1 = 200k\Omega$，$R_3 = 100k\Omega$，试针对 $0 \sim 10mA$ 输入和 $4 \sim 20mA$ 输入，分别确定其他电阻的阻值。

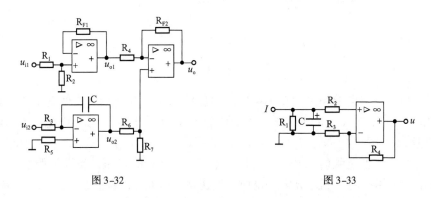

图 3-32　　　　　　　　　　　　图 3-33

7. 图 3-34 所示为集成运算放大电路组成的支流电压表，表头满刻度为 $5V$、$500\mu A$，电压表量程有 $0.5V$、$1V$、$5V$、$10V$、$50V$ 五挡。试求 $R_1 \sim R_5$ 的阻值。

8. 图 3-35 所示为测量小电流的原理电路，所用表头同上题。试求 $R_{F1} \sim R_{F5}$ 的阻值。

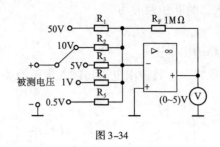

图 3-34

9. 图 3-36 所示为测量电阻的原理图，所用表头同上题。当电压表指示为 5V 时，试求被测量电阻 R_x 的值。

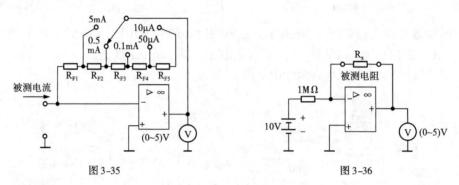

图 3-35   图 3-36

六、作图题

1. 已知运算放大器如图 3-37（a）所示，运放的饱和值为 $\pm 12V$，$u_i = 6V$，$R_1 = 5k\Omega$，$R_2 = 5k\Omega$，$R_F = 10k\Omega$，$R_3 = R_4 = 10k\Omega$，$C = 0.2\mu F$，在图 3-37（b）中画出输出电压的波形。

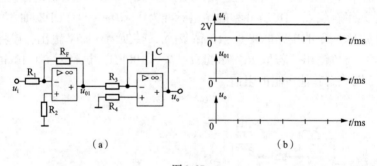

（a）   （b）

图 3-37

2. 用铜和康铜热电偶将温度变为电压的温度传感器。两个端组之间有 1℃ 温差时，便可产生 $40\mu V$ 左右的电压。R_1 取 $10k\Omega$，试画出一个温差为 10℃，输出电压为 40mV 的反相比例运算电路。

3. 一硅类电池当光照射到硅光电池时，它产生 0.6V 的电压；当无光照射时，电压为 0V。试画出一个用相同比例运算电路组成一输出电压为 6V 的测量电路，并求当 $R_F = 81k\Omega$ 时 R_1 的电阻值。

第4章　负反馈放大电路

学习目标

- 了解反馈的基本概念。
- 了解负反馈放大电路的基本类型。
- 掌握负反馈放大电路基本类型的判断。
- 掌握常用负反馈放大电路的分析方法。
- 了解负反馈对放大电路性能的影响。
- 了解深度负反馈放大电路的特点。
- 掌握深度负反馈放大电路放大倍数的估算方法。

反馈的基本概念及类型

4.1　反馈的基本概念及类型

1. 概述

在电子电路中，反馈定义为将放大电路输出信号（电压或电流）的部分或全部通过一定的电路（反馈电路）回送到输入回路的反送过程。一个反馈放大器的框图如图4-1所示。

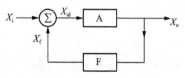

图4-1　反馈放大器的框图

由图4-1可知，任何一个带有反馈的放大器都包含两个部分：一个是不带反馈的基本放大器A，它可以是单级或多级分立元件放大电路，也可以是集成运算放大器；另一个是反馈电路F，它是联系放大器输出电路和输入电路的环节，多数由电阻元件组成。通过反馈电路把基本放大器的输出和输入连成环状，称为闭环放大器或反馈放大器。没有反馈电路的放大器，称为开环放大器（即基本放大器）。

2. 反馈的分类

（1）根据输出端取样对象分类

根据输出端取样对象分类，反馈可分为电压反馈和电流反馈两类。电压反馈的反馈信号取自输出电压 U_o，反馈量与输出电压成正比，如图4-2（a）和（b）所示。电流反馈的反馈信号取自输出电流 I_o，反馈量与输出电流成正比，如图4-2（c）和（d）所示。

（2）根据与输入端的连接方式分类

根据与输入端的连接方式分类，反馈可分为串联反馈和并联反馈两类。串联反馈是输入信号 U_i 与反馈信号 U_f 两者串联后获得净输入信号 U_i，如图4-2（a）和（c）所示。并联反馈是输入信号 I_i 与反馈信号 I_f 两者并联后获得净输入信号 I_i，如图4-2（b）和（d）所示。

（3）根据反馈极性分类

根据反馈极性分类，反馈可分为负反馈和正反馈。若反馈信号与原来输入信号相位相反，削弱原来的输入信号，这种反馈称为负反馈。若反馈信号与原来输入信号相位相同，加强了原输入信号，这种反馈称为正反馈。

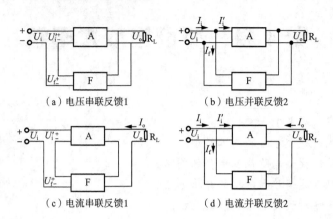

（a）电压串联反馈1　　　　　（b）电压并联反馈2

（c）电流串联反馈1　　　　　（d）电流并联反馈2

图 4-2　反馈的分类

（4）根据反馈电路组成分类

根据反馈电路组成分类，反馈可分为直流反馈和交流反馈。直流通路中存在的反馈称为直流反馈。交流通路中存在的反馈称为交流反馈。若两个通路中都存在的反馈称为交、直流反馈。

【特别提示】

实用中，一般采用直流负反馈稳定静态工作点，交流负反馈可改善放大电路的动态性能。

4.2　负反馈放大电路的基本类型与判断

反馈网络根据基本放大电路在输入、输出端的连接方式，存在不同的反馈类型，如串联反馈和并联反馈，电压反馈和电流反馈，其判断方法有瞬时极性法、框图分析法和一般表达式分析法。

4.2.1　负反馈放大电路的基本类型

多级反馈电路中，往往包含多个反馈环节，有局限于本级的局部反馈和整个放大电路输出与输入之间的级间反馈。级间反馈对放大电路的性能影响起主要作用。下面讨论的都是指级间反馈。

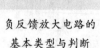

负反馈放大电路的
基本类型与判断

1. 电压串联负反馈

电压、电流反馈简易判别方法是：令输出端短路，若反馈电压消失，则为电压反馈；否则为电流反馈。

串联、并联反馈简易判别方法是：输入信号和反馈信号在不同节点引入为串联反馈，在同一节点引入为并联反馈。

例如在图 4-3 所示的电路中，利用上述简易判别方法可知：R_L 短路时 $u_o=0$，反馈电压 $u_f=0$，故为电压反馈；输入量 u_i 从"＋"端引入，u_f 从"－"端引入，u_i 与 u_f 不在同一点引入，故为串联反馈。

因此图 4-3 所示电路为电压串联负反馈电路。

电压负反馈有稳定输出电压的作用。设 u_i 为某一固定值时，若负载电阻 R_L 增大，使输出电压 u_o 有上升的趋势，结果将使放大电路的净输入信号 u_{id} 减小，于是 u_o 就随之回到接近原来的数值。上述过程可简单表示如下：

$$R_L \uparrow \to u_o \uparrow \to u_f \uparrow \to u_{id} \downarrow \to u_o \downarrow$$

2. 电压并联负反馈

在图 4-4 所示的电路中，当 $u_o = 0$ 时，反馈电压 $u_f = 0$，故为电压反馈；输入量 u_i 与反馈量 u_f 均从"－"端输入，故为并联反馈；由图中极性可知，电路为负反馈。因此图 4-4 所示电路为电压并联负反馈电路。

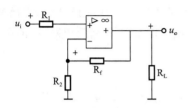
图 4-3　电压串联负反馈电路

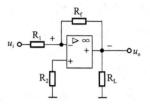
图 4-4　电压并联负反馈电路

3. 电流串联负反馈

在图 4-5 所示的电路中，当 $u_o = 0$ 时，反馈电压 $u_f \neq 0$，故为电流反馈；输入量与反馈量不在同一节点引入，故为串联反馈；由图中极性可知，电路为负反馈。因此图 4-5 所示电路为电流串联负反馈电路。

电流负反馈具有稳定输出电流 I_o 的作用。当输出电流 I_o 减小时，通过减小 u_f，使放大电路的净输入信号 u_{id} 增大，从而使 I_o 得到稳定，其过程为：

$$I_o \downarrow \to u_f \downarrow \to u_{id} \uparrow \to I_o \uparrow$$

4. 电流并联负反馈

在图 4-6 所示电路中，当 $u_o = 0$ 时，反馈电压 $u_f \neq 0$，故为电流反馈；输入量与反馈量在同一节点输入，故为并联反馈；由图中极性可知，电路为负反馈。因此图 4-6 所示电路为电流并联负反馈电路。

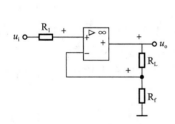
图 4-5　电流串联负反馈电路

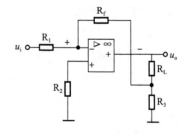
图 4-6　电流并联负反馈电路

【特别提示】反馈类型判断总结

（1）电压反馈与电流反馈的判断

将输出电压"短路"，若反馈回来的反馈信号为零，则为电压反馈；反馈信号仍然存在，则为电流反馈。

（2）串联反馈和并联反馈的判断

对于三极管来说，反馈信号与输入信号同时加在输入三极管的基极或发射极，则为并联反馈；一个加在基极，另一个加在发射极则为串联反馈。

对于运算放大器来说，反馈信号与输入信号同时加在同相输入端或反相输入端，则为并联反馈；一个加在同相输入端，另一个加在反相输入端则为串联反馈。

4.2.2 负反馈放大电路类型的判定方法

1. 瞬时极性法

瞬时极性法主要用来判断放大电路中的反馈是正反馈还是负反馈。其具体方法是：先假设放大电路输入端信号在某一瞬间对地的极性为正或负；然后根据各级电路输出端与输入端信号的相位关系（同相或反相），标出反馈回路中各点的瞬时极性；再得到反馈端信号的极性；最后，通过比较反馈端信号与输入端信号的极性来判断电路的净输入信号是加强还是削弱，从而确定是正反馈还是负反馈。

2. 框图分析法

框图分析法主要用来确定负反馈放大器的一般表达式。由图 4-1 可知，
净输入信号

$$X_{\mathrm{id}} = X_{\mathrm{i}} - X_{\mathrm{f}} \tag{4-1}$$

开环放大倍数

$$A = \frac{X_{\mathrm{o}}}{X_{\mathrm{id}}} \tag{4-2}$$

反馈系数

$$F = \frac{X_{\mathrm{f}}}{X_{\mathrm{o}}} \tag{4-3}$$

则闭环放大倍数

$$A_{\mathrm{f}} = \frac{X_{\mathrm{o}}}{X_{\mathrm{i}}} = \frac{X_{\mathrm{o}}}{X_{\mathrm{id}} + X_{\mathrm{f}}} = \frac{X_{\mathrm{o}}}{X_{\mathrm{id}} + AFX_{\mathrm{id}}} = \frac{A}{1 + AF} \tag{4-4}$$

3. 一般表达式分析法

① 在式（4-4）中，若 $|1 + AF| > 1$ 则 $|A_{\mathrm{f}}| < |A|$，说明加入反馈后闭环放大倍数变小了，这类反馈属于负反馈。

② 若 $|1 + AF| < 1$，则 $|A_{\mathrm{f}}| > |A|$，即加了反馈后，使闭环放大倍数增加，称之为正反馈。正反馈只在信号产生、变换方面应用，其他场合应尽量避免。

③ 若 $|1 + AF| = 0$，则 $A \to \infty$，即没有输入信号时，也会有输出信号，这种现象称为自激振荡。

【特别提示】

按照反馈对放大电路性能影响的效果，可将反馈分为正反馈和负反馈两种极性。

凡引入反馈后，反馈到放大电路输入回路的信号（称为反馈信号，用 X_{f} 表示）与外加激励信号（用 X_{i} 表示）比较的结果，使得放大电路的有效输入信号（也称净输入信号，用 X'_{i} 表示）削弱，即 $X'_{\mathrm{i}} < X_{\mathrm{i}}$，从而使放大倍数降低，这种反馈称为负反馈。凡引入反馈后，比较结果使 $X'_{\mathrm{i}} > X_{\mathrm{i}}$，从而使放大倍数提高，这种反馈称为正反馈。

正反馈虽能提高放大倍数，但同时也加剧了放大电路性能的不稳定性，主要用于振荡电路；负反馈虽降低了放大倍数，但却换来了放大电路性能的改善。

4.3　负反馈对放大电路性能的影响

负反馈使放大电路增益下降，但是可以在其他方面改善放大电路的性能。本节主要分析负反馈对放大电路主要性能的影响。

1. 提高放大倍数的稳定性

为分析方便，假设信号频率为中频，反馈电路是纯电阻，那么开环放大倍数、反馈系数和闭环放大倍数均是实数，分别记作 A、F 和 A_f，则

负反馈对放大电路
性能的影响

$$A_f = \frac{A}{1 + AF} \qquad (4-5)$$

由于负载和温度的变化，器件的老化等原因，使放大电路的开环放大倍数 A 也随之变化。引入负反馈以后，特别是反馈深度较深，即 $|1 + AF| \gg 1$ 时，式（4-5）变为

$$A_f = \frac{A}{1 + AF} \approx \frac{1}{F} \qquad (4-6)$$

此时，A_f 仅取决于反馈网络中电阻参数，因此，A_f 比较稳定。由式（4-6）可知，放大倍数稳定性的提高是以放大倍数下降为代价的。

2. 扩展带宽

在阻容耦合放大电路中，信号频率在高、低频区时，放大倍数均要下降。由于负反馈具有稳定放大器放大倍数的作用，因此放大倍数在高、低频区的下降速度减慢，即相当于带宽展宽。

3. 减小非线性失真

由于放大电路存在非线性元件，因此放大电路不可避免存在非线性失真，即输入正弦波信号，但输出信号不是正弦波。

假设基本放大电路产生正半周输出增大失真，即正弦波信号输入时，输出信号的正半周幅度大于负半周幅度。引入负反馈后，由于反馈量正比于输出量，对应输出信号正半周，反馈量大；对应输出信号负半周，反馈量小。于是基本放大电路的净输入为：对应输出信号正半周的净输入幅度小，对应输出信号负半周的净输入幅度大，经放大后输出信号正半周幅度提升少，负半周输出信号幅度提升多，使输出信号正负半周幅度偏差减小。经过几轮调整后，基本上获得接近正弦波信号的输出，改善了放大电路的非线性失真，如图 4-7 所示。

4. 负反馈对输入电阻和输出电阻的影响

（1）负反馈对输入电阻的影响

负反馈对放大电路输入电阻的影响主要取决于串、并联反馈类型，而与输出端取样方式无关。

① 串联负反馈使输入电阻增大

串联负反馈的输入回路是取电压信号，负反馈电压使信号源提供电流减小，输入电阻增大。

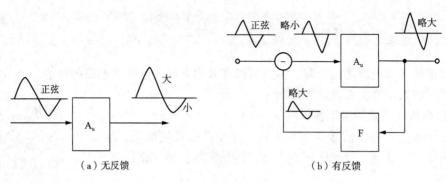

图 4-7　非线性失真的改善

② 并联负反馈使输入电阻减小

并联负反馈的输入回路是取电流信号，负反馈电流使信号源提供电流增大，输入电阻减小。

（2）负反馈对输出电阻的影响

负反馈对放大电路输出电阻的影响主要取决于电压、电流反馈类型，而与输入端连接方式无关。

① 电压负反馈使输出电阻减小

电压负反馈的作用可稳定输出电压，即当外接负载发生变化时，输出电压变化很小，这样从输出端看，相当于一个恒压源，故输出电阻很小。

② 电流负反馈使输出电阻增大

电流负反馈的作用可稳定输出电流，即当外接负载发生变化时，输出电流变化很小，这样从输出端看，相当于一个恒流源，故输出电阻很大。

【特别提示】

负反馈对放大电路性能的影响可归结为：提高放大倍数的稳定性；扩展带宽；减小非线性失真；电压负反馈稳定输出电压，输出电阻减小；电流负反馈稳定输出电流，输出电阻增大；串联负反馈使输入电阻增大，并联负反馈使输入电阻减小。

负反馈只能改善反馈环以内的放大电路性能，对反馈环以外的电路没有影响，而放大电路性能的改善是以牺牲放大倍数为代价的。

4.4　深度负反馈放大电路的特点及增益估算

由前面的学习，我们知道负反馈放大电路性能的改善与反馈深度有关，反馈深度越大，对放大电路的性能改善越明显。因此在实用中，应尽量采用较大的反馈深度 $(1+AF)$ 来改善放大电路的性能。习惯上将 $(1+AF)\gg1$ 的负反馈放大电路称为深度负反馈放大电路。

4.4.1　深度负反馈放大电路的特点

由于 $(1+AF)\gg1$，所以由式（4-4）可得

$$A_f=\frac{X_o}{X_i}=\frac{X_o}{X_{id}+X_f}=\frac{X_o}{X_{id}+AFX_{id}}=\frac{A}{1+AF}\approx\frac{A}{AF}=\frac{1}{F} \tag{4-7}$$

由于

$$A_f = \frac{X_o}{X_i}, \quad F = \frac{X_f}{X_o}$$

所以，深度负反馈放大电路中有

$$X_f \approx X_i \tag{4-8}$$

即

$$X_{id} \approx 0 \tag{4-9}$$

由式（4-7）~式(4-9) 及负反馈对输入、输出电阻的影响，可得深度负反馈电路有如下特点。

① 闭环放大倍数主要由反馈网络决定，$A_f = \dfrac{1}{F}$。当反馈网络由高质量的电阻等无源线性元件组成时，负反馈放大电路的增益为常数，基本不受外界因素影响，增益极为稳定，输出信号与输入信号之间成线性关系，失真极小。

② 反馈信号 X_f 近似等于输入信号 X_i，净输入信号 X_{id} 近似为零。对于串联反馈则有 $U_f \approx U_i$，$U_{id} \approx 0$，因而在基本放大电路输入电阻上产生的输入电流 I_{id} 也趋于零；对于并联反馈则有 $I_f \approx I_i$，$I_{id} \approx 0$，因而在基本放大电路输入电阻上产生的输入电压 U_{id} 也趋于零。总之，不论是串联还是并联反馈，在深度负反馈条件下，均有 $U_{id} \approx 0$（称为虚短）和 $I_{id} \approx 0$（称为虚断）同时存在。

③ 闭环输入电阻和输出电阻可以近似看成零或无穷大。即深度串联负反馈闭环输入电阻趋于无穷大，深度并联负反馈闭环输入电阻趋于零；深度电流负反馈闭环输出电阻趋于无穷大，深度电压负反馈闭环输出电阻趋于零。

4.4.2 深度负反馈放大电路电压放大倍数的估算

利用上述虚短和虚断的概念，可以方便地估算深度负反馈放大电路的闭环电压放大倍数，下面通过例题来说明估算方法。

【例 4.1】 估算图 4-8 所示电流串联负反馈放大电路的电压放大倍数 $A_{uf} = u_o/u_i$。

解： 这是一个电流串联负反馈放大电路，反馈元件为 R_F，基本放大电路为集成运算放大器，由于集成运算放大器开环增益很大，故为深度负反馈。因此有 $u_f \approx u_i$，$i_n \approx 0$，所以可得 $u_f \approx i_o R_F = \dfrac{u_o}{R_L} R_F$。

因此，可以求得该放大电路的闭环电压放大倍数为 $A_{uf} = \dfrac{u_o}{u_i} \approx \dfrac{u_o}{u_f} = \dfrac{R_L}{R_F}$。

【例 4.2】 估算图 4-9 所示电路的电压放大倍数 $A_{uf} = u_o/u_i$。

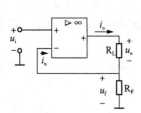

图 4-8 电流串联负反馈放大电路增益的估算

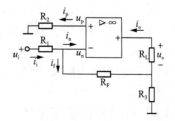

图 4-9 电流并联负反馈放大电路增益的估算

解： 这是一个电流并联负反馈放大电路，反馈元件为 R_3、R_F，基本放大电路为集成运算放大器，由于集成运算放大器开环增益很大，故为深度负反馈。

根据深度负反馈时基本放大电路输入端"虚断"，可得 $i_n \approx i_p \approx 0$，故同相端电位为 $u_p \approx 0$。根据深度负反馈时基本放大电路输入端"虚短"，可得 $u_n \approx u_p$，故反相端电位为 $u_n \approx 0$。因此，由图 4-9 可得

$$i_i = \frac{u_i - u_n}{R_1} \approx \frac{u_i}{R_1}$$

$$i_f \approx \frac{R_3}{R_F + R_3} \frac{-u_o}{R_L}$$

在深度并联负反馈放大电路中有

$i_i \approx i_f$，因此可得

$$\frac{u_i}{R_1} \approx \frac{R_3}{R_F + R_3} \frac{-u_o}{R_L}$$

故该放大电路的闭环电压放大倍数为

$$A_{uf} = \frac{u_o}{u_i} \approx \frac{-R_L}{R_1} \frac{R_F + R_3}{R_3}$$

【例 4.3】 已知 $R_1 = R_2 = 1\,\mathrm{k\Omega}$，$R_f = 10\,\mathrm{k\Omega}$，估算图 4-10 所示电路的电压放大倍数、输入电阻和输出电阻。

解： 这是一个由集成运算放大器构成的交流放大电路，R_1 和 R_f 构成电压串联负反馈，由于集成运算放大器开环增益很大，所以电路构成深度电压串联负反馈。

根据深度串联负反馈放大电路的特点可知，$u_f \approx u_i$。根据深度负反馈时基本放大电路输入端"虚断"可知，$i_n \approx 0$。因此，由图 4-10 可得，

$$u_i \approx u_f = \frac{u_o R_1}{R_1 + R_f}$$

所以该放大电路的闭环电压放大倍数为

$$A_{uf} = \frac{u_o}{u_i} \approx \frac{R_1 + R_F}{R_1} = \frac{1 + 10}{1} = 11$$

已经知道深度串联负反馈闭环输入电阻 R_{if} 趋于无穷大。需要注意这个闭环输入电阻是指反馈环路输入端的电阻，而图 4-10 中 R_2 与反馈环路无关，是环外电阻，所以该放大电路的输入电阻为 $R_f // R_2 \approx R_2 = 1\,\mathrm{k\Omega}$。

该放大电路的输出电阻即为闭环输出电阻 R_{of}，由于是深度电压负反馈，故输出电阻近似为零。

【例 4.4】 若图 4-11 所示电路为深度负反馈放大电路，试估算其电压放大倍数。

解： 图 4-11 所示为一个晶体管共发射极放大电路，R_{E1} 构成电流串联负反馈，由于

R_{E1} 值较大，故为深度负反馈。由图 4-11 可得，

$$u_i \approx u_f = i_o R_{E1}$$

$$u_o = -i_o (R_C /\!/ R_L)$$

因此，该放大电路的闭环电压放大倍数为

$$A_{uf} = \frac{u_o}{u_i} = -\frac{R_C /\!/ R_L}{R_{E1}} = -\frac{\dfrac{3 \times 3}{3+3}}{0.51} = -2.94$$

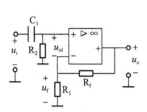

图 4-10　电压串联负反馈放大电路实例

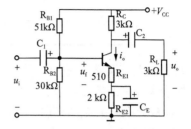

图 4-11　晶体管共发射极放大电路实例

实　践　项　目

实训 4.1　集成运算放大器电压串联负反馈放大电路特性测试

1. 目的

（1）进一步熟悉集成运算放大电路的应用，掌握其基本特性。

（2）熟悉电压串联负反馈对放大电路特性的影响。

（3）了解负反馈放大电路特性的测试方法。

2. 仪器及材料

（1）仪器：双路直流稳压电源，信号发生器、交流毫伏表、示波器各 1 台，万用表 1 只。

（2）器件：集成运算放大器 CF741（μA741）1 只，2kΩ 电阻 2 只，10kΩ、20kΩ 电阻各 1 只。

3. 内容及要求

（1）测试电路如图 4-12 所示，电路由 R_F、R_1 构成电压串联负反馈，则反馈系数 $F_u = u_f/u_o = R_1/(R_1 + R_F)$，由于集成运算放大器开环增益很大，故电路构成深度负反馈，所以负反馈放大电路的闭环增益 $A_{uf} = u_o/u_i = (1 + R_F)/R_1$，输入电阻 R_{if} 趋于无穷大，输出电阻 R_{of} 趋于 0，即输出电压随负载电阻 R_L 变化很小。

（2）按图 4-12 接线，检查接线无误后，接通 ±10V 电源。

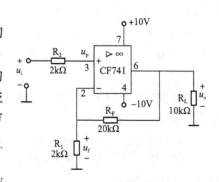

图 4-12　电压串联负反馈放大电路

（3）输入端 u_i 接入频率为 1kHz、有效值为 0.2V 的正弦信号，用示波器观察输入电压 u_i 及输出电压 u_o 均应为同频率的正弦波。

（4）用交流毫伏表分别测出 u_i、u_p、u_f、u_o 的有效值并记录于表 4-1 中，维持输入电压 u_i 不变，断开 R_L 测出开路输出电压 u_{ot}，也记于表 4-1 中。

表 4-1　电压串联负反馈特性

（5）将电源电压调整为 ±6V，重复步骤（3）、（4）。

（6）按表 4-1 中的测试结果，求出 A_{uf}、F_u、R_{if}、R_{of}，与理论值进行比较，总结出电压串联负反馈放大电路的性能特点。

4. 测试报告要求

（1）训练目的，测试电路及内容，仪器型号。

（2）测试数据的整理，根据测试结果总结电压串联负反馈放大电路的性能特点。

实训 4.2　集成运算放大器电流串联负反馈放大电路特性测试

1. 目的

（1）熟悉电流串联负反馈对放大电路性能的影响。

（2）熟悉负反馈放大电路特性的测试方法。

2. 仪器及材料

（1）仪器：双路直流稳压电源，信号发生器、交流毫伏表、示波器各 1 台，万用表 1 只。

（2）器件：集成运算放大器 CF741（μA741）1 只，2kΩ 电阻 2 只，5.1kΩ、10kΩ、20kΩ 电阻各 1 只。

3. 内容及要求

（1）测试电路如图 4-13 所示，图中 R_L 为负载电阻，电路通过 R_L 构成电流串联负反馈，由于集成运算放大器开环增益很大，故电路构成深度负反馈。因此放大电路的闭环电压增益 $A_{uf} = R_L/R_1$，输入电阻 R_{if} 趋于无穷大，输出电阻 R_{of} 趋于无穷大，放大电路具有恒流输出特性. 输出电流 $I_o \approx u_o/R_L$ 不会随 R_L 的变化而变化，即负载 R_L 两端电压 $u_o = I_o R_L$ 随 R_L 而线性变化。

（2）按图 4-13 所示电路接线，检查接线无误后接通 ±10V 电源。

（3）输入端 u_i 接入频率为 1kHz、有效值为 0.2V 的正弦信号，用示波器观察 u_i、u_o' 波形应为同频率的正弦波。

（4）用交流毫伏表分别测出 u_i、u_p、u_f、u_o'

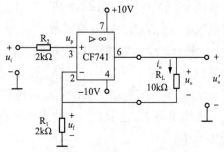

图 4-13　电流串联负反馈放大电路

的有效值并记录于表 4-2 中。

表 4-2　电流串联负反馈特性

（5）将 R_L 改接为 5.1kΩ 和 20kΩ，维持输入信号不变，分别测出 u_i、u_p、u_f、u'_o 的有效值，记录于表 4-2 中。

（6）根据测试结果，求出 $A_{uf} = u_o/u_i$、R_{if}、R_{of}、i_o 并与理论值进行比较。分析不同 R_L 时所测结果，并阐明其原因。

4. 测试报告要求

（1）训练目的，测试电路及内容，仪器型号。

（2）测试数据的整理，根据测试结果总结电流串联负反馈放大电路的性能特点。

（3）做出 u_o 与 R_L 的关系曲线，该曲线有什么特点？它说明了什么问题？

本 章 小 结

1. 把输出信号的一部分或全部通过一定的方式引回到输入端的过程称为反馈。反馈放大电路由基本放大电路和反馈网络组成，反馈网络指将输出回路与输入回路联系起来的电路，构成反馈网络的元件称为反馈元件。反馈有正、负之分，若反馈信号削弱净输入信号，则为负反馈，若加强净输入信号，则为正反馈。反馈还有直流反馈和交流反馈之分，若反馈信号为直流量，则称为直流反馈，直流负反馈影响放大电路的直流性能，常用以稳定静态工作点；若反馈信号为交流量，则称为交流反馈，交流负反馈用来改善放大电路的交流性能。

负反馈放大电路有 4 种基本类型：电压串联负反馈、电流串联负反馈、电压并联负反馈和电流并联负反馈。反馈信号取样于输出电压的，称为电压反馈；取样于输出电流的，则称为电流反馈。若反馈网络与信号源、基本放大电路串联连接，则称为串联反馈，其反馈信号为 u_f，比较式为 $u_{id} = u_i - u_f$，此时信号源内阻越小，反馈效果越好；若反馈网络与信号源、基本放大电路并联连接，则称为并联反馈，其反馈信号为 i_f，比较式为 $i_{id} = i_i - i_f$，此时信号源内阻越大，反馈效果越好。

2. 交流负反馈虽然降低了放大电路的放大倍数，但可稳定放大倍数，减小非线性失真，展宽通频带。电压负反馈能减小输出电阻、稳定输出电压，从而提高带负载能力；电流负反馈能增大输出电阻、稳定输出电流。串联负反馈能增大输入电阻，并联负反馈能减小输入电阻。负反馈放大电路性能的改善与反馈深度（$1 + AF$）的大小有关，其值越大，性能改善越显著。

3. 在负反馈放大电路中，当（$1 + AF$）$\gg 1$ 时，称为深度负反馈。深度负反馈放大电路有如下特点：① $A_f = 1/F$。② $x_I \approx x_f$、$x_{id} \approx 0$，对于串联反馈，$u_i \approx u_f$、$u_{id} \approx 0$；对于并联反馈，$u_i \approx u_f$、$i_{id} \approx 0$。③ 串联反馈输入电阻 $R_{if} \to \infty$，并联反馈输入电阻 $R_{if} \to 0$，电压反馈

输出电阻 $R_{of} \to 0$，电流反馈输出电阻 $R_{of} \to \infty$。因此，无论何种类型的深度负反馈放大电路中，基本放大电路两输入端同时存在"虚短"和"虚断"。利用这些特点，可以很方便地分析深度负反馈放大电路的性能。

4. 负反馈放大电路中，常根据欲稳定的量、对输入输出电阻的要求和信号源及负载情况等选择反馈类型。

在负反馈放大电路中，当增益较高、反馈深度较大、布线不合理时很容易产生自激振荡，干扰电路的正常工作，这在实际应用中应采取措施防止自激振荡的产生。

自 我 测 试

一、填空题

1. 将反馈引入放大电路后，若使净输入减小，则引入的是＿＿＿＿反馈，若使净输入增加，则引入的是＿＿＿＿反馈。

2. 反馈信号只含有直流量的，称为＿＿＿＿反馈，反馈信号只含有交流量的，称为＿＿＿＿反馈。

3. 反馈放大电路中，若反馈信号取自输入电压，则说明电路引入的是＿＿＿＿反馈，若反馈信号取自输出电流，则是＿＿＿＿反馈；在输入端，反馈信号与输入信号以电压方式进行比较，则是＿＿＿＿反馈，反馈信号与输入信号以电流的方式进行比较，则是＿＿＿＿反馈。

4. 负反馈虽然使放大电路的增益＿＿＿＿，但能使增益的＿＿＿＿提高，同频带＿＿＿＿，非线性失真＿＿＿＿。

5. 电压负反馈能稳定＿＿＿＿，使输出电阻＿＿＿＿；电流负反馈能稳定＿＿＿＿，使输出电阻＿＿＿＿。

6. 放大电路中为了提高输入电阻应引入＿＿＿＿反馈，为了降低输入电阻应引入＿＿＿＿反馈。

7. 负反馈放大电路中，其开环电压放大倍数 $A_u = 90$，负反馈系数 $F_u = 0.1$，则反馈深度为＿＿＿＿，闭环放大倍数为＿＿＿＿。

8. 深度负反馈放大电路有：$X_I \approx$ ＿＿＿＿，即 $X_{Id} \approx$ ＿＿＿＿。

二、单选题

1. 放大电路中有负反馈的含义是（　　）。
   A. 输出与输入之间有信号通路
   B. 输出与输入信号成非线性关系
   C. 电路中存在反向传输信号通路
   D. 除放大电路以外还有信号通路

2. 直流负反馈在放大电路中的作用是（　　）。
   A. 提高输入电阻　　　　　　　　B. 降低输入电阻
   C. 提高增益　　　　　　　　　　D. 稳定静态工作点

3. 并联负反馈能使放大电路的（　　）。
   A. 输入电阻增大　　　　　　　　B. 输入电阻减小
   C. 输入电阻不变　　　　　　　　D. 输出电阻减小

4. 在放大电路中，如果希望输出电压受负载影响很小，同时对信号源的影响也很小，则需引入的负反馈类型为（　　）。

　　A. 电压串联　　　B. 电压并联　　　C. 电流串联　　　D. 电流并联

5. 负反馈放大电路中，A 为开环放大倍数，F 为反馈系数，则在深度负反馈条件下，放大电路的闭环放大倍数 AF 近似为（　　）。

　　A. F　　　　　B. $1/F$　　　　　C. A　　　　　D. $1+AF$

三、判断题

1. 直流负反馈只存在于直流耦合电路中，交流负反馈只存在于阻容耦合电路中。

（　　）

2. 若放大电路的 $A>0$，则接入的负反馈一定是正反馈，若 $A<0$，则接入的反馈一定是负反馈。（　　）

3. 共集电极放大电路，由于 $A_u \leqslant 1$，故该电路没有负反馈。（　　）

4. 当输入信号是一个失真的正弦波，加入负反馈之后能使失真减小。（　　）

5. 负反馈只能改善反馈环路以内的放大性能，对反馈环路之外电路无效。（　　）

习　　题

1. 某放大电路输入的正弦波电压有效值为 10mV，开环时正弦波输出电压有效值为 10V，试求引入反馈系数为 0.01 的电压串联负反馈后输出电压的有效值。

2. 某电流并联负反馈放大电路中，输出电流为 $I_o = 5\sin\omega t$（mA），已知开环电流放大倍数为 $A_I = 200$，电流反馈系数为 $F_I = 0.05$，试求输入电流 I_I、反馈电流 I_f 和净输入电流 I_{Id}。

3. 分析图 4-14 所示电路中的反馈：（1）反馈元件是什么？（2）是正反馈还是负反馈？（3）是直流反馈还是交流反馈？

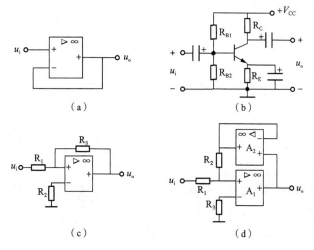

（a）　　　　　　　　　　　　　　（b）

（c）　　　　　　　　　　　　　　（d）

图 4-14

4. 分析图 4-15 所示各电路中的交流反馈（若为多级电路，只要求分析级间反馈）：

（1）是正反馈还是负反馈；（2）对负反馈放大电路，判断其反馈类型。

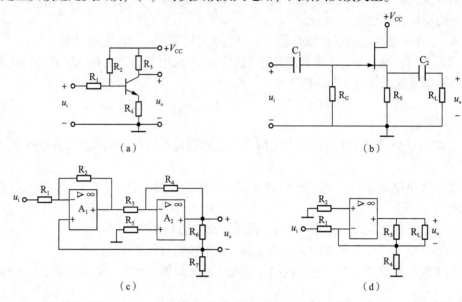

图 4-15

5. 某负反馈放大电路的闭环增益为 40dB，当开环增益变化 10% 时闭环增益的变化为 1%，试求其开环增益和反馈系数。

6. 图 4-16 所示各电路中，希望降低输入电阻，稳定输出电压，试在各图中接入相应的反馈网络。

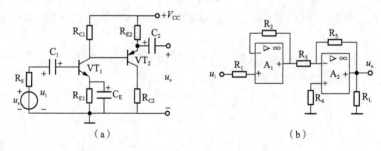

图 4-16

7. 分析图 4-17 所示各深度负反馈放大电路；（1）判断反馈类型；（2）写出电压放大倍数 $A_{uf} = I$ 的表达式。

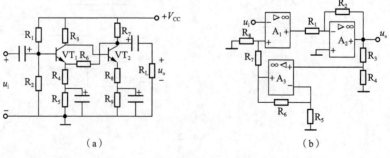

图 4-17

8. 分析图 4-18 所示各反馈电路：（1）标出反馈信号和有关点的瞬时极性，判断反馈性质与类型；（2）设其中的负反馈放大电路为深度负反馈，估算电压放大倍数、输入电阻和输出电阻。

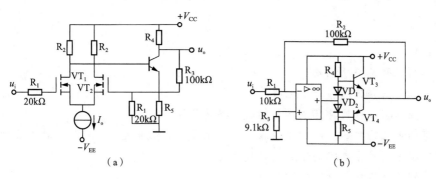

图 4-18

第 5 章　信号产生电路

学习目标

- 掌握正弦波振荡电路。
- 掌握非正弦波信号产生电路。
- 重点掌握正弦波振荡电路的组成及振荡条件。
- 掌握电压比较器、滞回比较器、窗口比较器等信号处理电路的结构与原理。
- 掌握方波产生电路的组成及工作原理。
- 掌握正弦波振荡电路的综合应用。

5.1　正弦波振荡电路

5.1.1　正弦波振荡电路的工作原理

1. 振荡产生的基本原理

正弦波振荡电路由放大器和反馈网络等组成,其电路原理框图如图 5-1 所示。假如开关 S 处在位置 1,即在放大器的输入端外加输入信号 $\dot{U}_i$ 为一定频率和幅度的正弦波,此信号经放大器放大后产生输出信号 $\dot{U}_o$,而 $\dot{U}_o$ 又作为反馈网络的输入信号,在反馈网络输出端产生反馈信号 $\dot{U}_f$。如果 $\dot{U}_f$ 和原来的输入信号 $\dot{U}_i$ 大小相等且相位相同,将开关 S 接至位置 2,由放大器和反馈网络组成一个闭环系统,在没有外加输入信号的情况下,输出端可维持一定频率和幅度的信号 $\dot{U}_o$ 输出,从而产生了自激振荡。

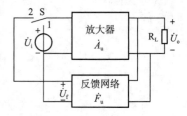

图 5-1　正弦波振荡电路原理框图

为使正弦波振荡电路的输出为一个固定频率的正弦波,要求自激振荡只能在某一频率上产生,而在其他频率上不能产生。因此图 5-1 所示的闭环系统内,必须含有选频网络,使得只有在选频网络中心频率上的信号才满足 $\dot{U}_f$ 和 $\dot{U}_i$ 相同的条件而产生自激振荡,其他频率的信号不满足 $\dot{U}_f$ 和 $\dot{U}_i$ 相同的条件而不能产生自激振荡。选频网络可以包含在放大器内,也可包含在反馈网络内。

如上所述,正弦波振荡电路是一个将反馈信号作为输入电压来维持一定输出电压的闭环系统,实际上它是不需外加信号激发就可以产生输入信号的。闭环系统内存在微弱的电扰动(如接通电源的瞬间在电路中产生很窄的脉冲、放大器内部的热噪声等)时,这些电扰动都可作为放大器的初始输入信号。由于很窄的脉冲内具有十分丰富的频率分量,经选频网络选频,使得只有某一频率的信号能反馈到放大器的输入端,而其他频率的信号被抑制,这一频率分量的信号经放大后,又通过反馈网络回送到输入端,且信号幅度比前一瞬时更大,再经过放大、反馈,使回送到输入端的信号幅度进一步增大,最后将使放大器进入非线性工作区。放大器的增益下降，正弦波振荡电路输出幅度越大，增益下降也越多，最后当反馈电压正好等于原输入电压时，振荡幅度不再增大从而进入平衡状态。

2. 振荡的平衡条件和起振条件

（1）振荡的平衡条件

当反馈信号 $\dot{U}_f$ 等于放大器的输入信号 $\dot{U}_i$ 时，正弦波振荡电路的输出电压不再发生变化，电路达到平衡状态，因此将 $\dot{U}_f = \dot{U}_i$ 称为振荡的平衡条件。需要强调的是，这里 $\dot{U}_f$ 和 $\dot{U}_i$ 都是复数，所以两者相等是指大小相等而且相位也相同。

根据图 5-1 可知

$$\dot{A}_u = \frac{\dot{U}_o}{\dot{U}_i}; \qquad \dot{F}_u = \frac{\dot{U}_f}{\dot{U}_o}; \tag{5-1}$$

所以

$$\dot{U}_f = \dot{F}_u \dot{A}_u \dot{U}_i \tag{5-2}$$

由此可得，振荡的平衡条件为

$$\dot{A}_u \dot{F}_u = |\dot{A}_u \dot{F}_u| < \varphi_a + \varphi_f = 1 \tag{5-3}$$

式中，$|\dot{A}_u|$、φ_a 为放大倍数 $\dot{A}_u$ 的模和相角；$|\dot{F}_u|$、φ_f 为反馈系数 $\dot{F}_u$ 的模和相角。因此，振荡的平衡条件应当包括振幅平衡条件和相位平衡条件两个方面。

① 振幅平衡条件。

$$|\dot{A}_u \dot{F}_u| = 1 \tag{5-4}$$

式（5-4）说明，放大器与反馈网络组成的闭环系统中，总的传输系数等于 1，使反馈电压与输入电压大小相等。

② 相位平衡条件。

$$\varphi_a + \varphi_f = 2n\pi\,(n = 0, 1, 2, \cdots) \tag{5-5}$$

式（5-5）说明，放大器和反馈网络的总相移必须等于 2π 的整数倍，使反馈电压与输入电压相位相同，以保证环路构成正反馈。

作为一个稳态正弦波振荡电路，振幅平衡条件和相位平衡条件必须同时得到满足。利用振幅平衡条件可以确定正弦波振荡电路的输出信号幅度；利用相位平衡条件可以确定振荡信号的频率。

（2）振荡的起振条件

式（5-3）是维持振荡的平衡条件，是针对正弦波振荡电路已进入平衡状态而言的。为使正弦波振荡电路在接通直流电源后能够自动起振，在相位上要求反馈电压与输入电压同相，在振幅上要求 $\dot{U}_f > \dot{U}_i$，因此振荡的起振条件也包括振幅起振条件和相位起振条件两个方面，即

振幅起振条件为

$$|\dot{A}_u \dot{F}_u| > 1 \tag{5-6}$$

相位起振条件

$$\varphi_a + \varphi_f = 2n\pi\,(n = 0, 1, 2, \cdots) \tag{5-7}$$

综上所述，要使正弦波振荡电路能够起振，在开始振荡时，必须满足 $|\dot{A}_u\dot{F}_u| > 1$。起振后，振荡幅度迅速增大，使放大器工作到非线性区，以至放大倍数 $|\dot{A}_u|$ 下降，直到 $|\dot{A}_u\dot{F}_u| = 1$，振荡幅度不再增大，振荡便达到平衡状态。这里需指出，式（5-4）与式（5-6）中的 $\dot{A}_u$ 对于同一正弦波振荡电路其值是不同的，起振时由于信号比较小，正弦波振荡电路处于小信号状态，故电路的放大倍数比较大，可采用小信号等效电路进行计算；而在平衡状态，正弦波振荡电路处于大信号工作状态，电路的放大倍数不能用小信号等效电路进行计算，因为用小信号等效电路计算，其值比较小。显然作为正弦波振荡电路应避免放大器进入非线性区工作，因为放大器工作在非线性区，输出波形将会产生失真。因此正弦波振荡电路中应设法在放大器没有进入非线性区之前，使 $|\dot{A}_u\dot{F}_u|$ 由大于 1 逐渐减小到等于 1，也就是说正弦波振荡电路中还应有稳幅环节。

3. 正弦波振荡电路的组成及分析方法

（1）正弦波振荡电路的组成

由上分析可知，正弦波振荡电路一般由放大器、反馈网络、选频网络和稳幅环节组成。其中放大器和反馈网络构成正反馈系统，共同满足 $\dot{F}_u\dot{A}_u = 1$，选频网络的作用是实现单一频率的正弦波振荡，它可以设置在放大器中，也可以设置在反馈网络中，振荡频率的大小由选频网络的参数决定；稳幅环节的作用是稳定振荡幅度并改善振荡波形，通常可以用放大器件的非线性特性来实现。

正弦波振荡电路中由 R、C 组成选频网络的，称为 RC 振荡电路；由 L、C 谐振回路组成选频网络的，则称为 LC 振荡电路。另外，还可用石英谐振器构成选频网络，这种称为石英晶体正弦波振荡电路。

（2）正弦波振荡电路的分析方法

判断电路是否会产生正弦波振荡一般可按下列步骤进行。

① 观察电路是否含有放大器、反馈网络、选频网络及稳幅环节等组成部分，并检查其中放大器静态工作点设置是否合适。

② 用瞬时极性法判断电路是否仅在 $f = f_0$ 时引入正反馈，即是否满足相位平衡条件，若满足即可能产生正弦波振荡。由于正弦波振荡电路中振幅起振条件相对来说比较容易满足，通常可以不对振幅起振条件进行判断。

③ 根据选频网络参数，估算振荡频率 f_0。

5.1.2 RC 振荡电路

采用选频网络构成的正弦波振荡电路，称为 RC 振荡电路，它适用于低频振荡，一般用于产生 1Hz ~1MHz 的低频信号。对于 RC 振荡电路来说，增大电阻 R 即可降低振荡频率，而增大电阻是不需增加成本的。

RC 振荡电路

常用的 RC 振荡电路有 RC 桥式振荡电路和 RC 移相式振荡电路。本节重点介绍由 RC 串并联选频网络构成的 RC 桥式振荡电路。

1. RC 串并联选频网络

由相同的 RC 组成的串并联选频网络如图 5-2 所示。由图 5-2 可得 RC 串并联选频网

络的电压传输系数 $\dot{F}_{u}$ 为

$$\dot{F}_{u} = \frac{R /\!/ \dfrac{1}{j\omega C}}{R + \dfrac{1}{j\omega C} + R /\!/ \dfrac{1}{j\omega C}} = \frac{1}{3 + j \left(\omega RC - \dfrac{1}{\omega RC} \right)} = \frac{1}{3 + j \left(\dfrac{\omega}{\omega_0} - \dfrac{\omega_0}{\omega} \right)}$$

(5-8)

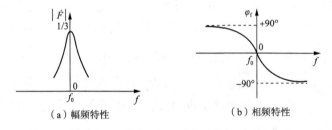

图 5-2　RC 串并联选频网络

式中

$$\omega_0 = \frac{1}{RC}$$

(5-9)

根据式（5-8）可得到 RC 串并联选频网络的幅频特性和相频特性分别为

$$\begin{cases} \left| \dot{F}_{u} \right| = \dfrac{1}{\sqrt{3^2 + \left(\dfrac{\omega}{\omega_0} - \dfrac{\omega_0}{\omega} \right)^2}} \\[4mm] \varphi_{f} = - \arctan \left(\dfrac{\dfrac{\omega}{\omega_0} - \dfrac{\omega_0}{\omega}}{3} \right) \end{cases}$$

(5-10)

RC 串并联选频网络的幅频特性和相频特性曲线如图 5-3 所示。由图所见，当 $\omega = \omega_0$ 时，$\left| \dot{F}_{u} \right|$ 达到最大值并等于 1/3，φ_{f} 为 0°时，输出电压与输入电压同相，所以 RC 串联网络具有选频作用。

（a）幅频特性　　　　　（b）相频特性

图 5-3　RC 串并联选频网络的幅频特性和相频特性曲线

2. RC 桥式振荡电路

将 RC 串并联选频网络和放大器结合起来即可构成 RC 振荡电路，放大器件可采用集成运算放大器。

图 5-4（a）所示为由集成运算放大器构成的 RC 桥式振荡电路，图中 RC 串并联选频网络接在运算放大器的输出端和同相输入端之间，构成正反馈，R_F、R_1 接在运算放大器的输出端和反相输入端之间，构成负反馈。正反馈电路与负反馈电路构成文氏电桥等效电路，如图 5-4（b）所示，运算放大器的输入端和输出端分别跨接在电桥的对角线上，所以，把这种正弦波振荡电路称为 RC 桥式振荡电路。

由图 5-4（a）可见，振荡信号由同相端输入，故构成同相放大器，输出电压 $\dot{U}_o$ 与输入电压 $\dot{U}_i$ 同相，其闭环电压放大倍数等于 $\dot{A}_u = \dot{U}_o / \dot{U}_i = 1 + (R_F / R_1)$。而 RC 串并联选频网络在 $\omega = \omega_0 = 1/RC$ 时，$\dot{F}_u = 1/3$，$\varphi_f = 0°$，所以，只要 $\left| \dot{A}_u \right| = 1 + (R_F / R_1) > 3$，即 $R_F > 2R_1$，正弦波振荡电路就能满足自激振荡的振幅和相位起振条件，产生自激振荡，振荡频率 f_0 等于

$$f_0 = \frac{1}{2\pi RC} \tag{5-11}$$

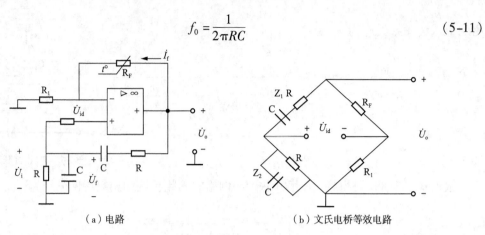

（a）电路　　　　　　　　　　　（b）文氏电桥等效电路

图 5-4　RC 桥式振荡电路

采用双联可调电位器或双联可调电容器即可方便地调节振荡频率。在常用的 RC 振荡电路中，一般采用切换高稳定度的电容来进行频段的转换（频率粗调），再采用双联可变电位器进行频率的细调。

图 5-4（a）所示电路中 R 采用了具有负温度系数的热敏电阻，用以改善振荡波形，稳定振荡幅度。若 R 用固定电阻，放大器的增益 $\dot{A}_u$ 为常数，为了保证起振，则要求 $|\dot{A}_u|$ 必须大于 3，这样随着振荡幅度的不断增大，只有当运算放大器进入非线性工作区才能使增益下降，然后达到 $|\dot{A}_u \dot{F}_u| = 1$ 的振幅平衡条件，这样振荡波形会产生严重失真。由于 RC 串并联选频网络的选频作用差，当放大器的增益较大时，正弦波振荡电路输出波形将变为方波。若 R_F 采用负温度系数热敏电阻起振时，由于 $\dot{U}_o = 0$，流过 R_F 的电流 $I = 0$，热敏电阻 R_F 处于冷态，且阻值比较大，放大器的负反馈较弱，$|\dot{A}_u|$ 很高，振荡很快建立。随着振荡幅度的增大，流过 R_F 的电流 I 也增大，使 R_F 的温度升高，其阻值减小，负反馈加深，$|\dot{A}_u|$ 自动下降，在运算放大器还未进入非线性工作区时，正弦波振荡电路即达到振幅平衡条件 $|\dot{A}_u \dot{F}_u| = 1$，$\dot{U}_o$ 停止增长，因此这时振荡波形为一失真很小的正弦波。同理，当振荡建立后，由于某种原因使得输出电压幅度发生变化，可通过 R_F 电阻的变化，自动稳定输出电压幅度。如某种原因使 $\dot{U}_o$ 减小，流过 R_F 的电流 I 减小，R_F 阻值增大，负反馈减弱，$\dot{A}_u$ 升高，迫使 $\dot{U}_o$ 恢复到原来的大小，反之亦然。由上分析可见，负反馈支路中采用热敏电阻后不但使 RC 桥式振荡电路的起振容易，振幅波形改善，同时还具有很好的稳幅特性，所以，实用 RC 桥式振荡电路中热敏电阻的选择是很重要的。

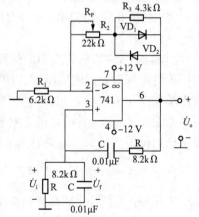

图 5-5　实用 RC 桥式振荡电路

【例 5.1】图 5-5 所示为实用 RC 桥式振荡电路。（1）求振荡频率 f_0；（2）说明二极管 VD_1、VD_2 的作用；（3）说明 R_P 如何调节？

解：（1）由式（5-11）可求得振荡频率为

$$f_0 = \frac{1}{2\pi RC} = \frac{1}{2 \times 3.14 \times 8.2 \times 10^3 \times 0.01 \times 10^{-6}} = 1.94 \times 10^3 \text{ Hz}$$

（2）图中二极管 VD_1、VD_2 用以改善输出电压波形，稳定输出幅度。起振时，由于 $\dot{U}_o$ 很小，VD_1、VD_2 接近于开路，R_3、VD_1、VD_2 并联电路的等效电阻近似等于 R_3，此时 $|\dot{A}_u| = 1 + (R_2 + R_3)/R_1 > 3$，电路产生振荡。随着 $\dot{U}_o$ 的增大，VD_1、VD_2 导通，VD_1、VD_2、R_3 并联电路的等效电阻减小，$|\dot{A}_u|$ 随之下降，使 $|\dot{A}_u| = 3$，$\dot{U}_o$ 幅度趋于稳定。

（3）R_P 可用来调节输出电压的波形和幅度。为保证起振，由 $R_2 + R_3 > 2R_1$，可得到 R_2 的值必须满足 $R_2 > 2R_1 - R_3$，也就是说 R_2 过小电路有可能停振。调节 R_P 使 R_2 略大于 $(2R_1 - R_3)$，起振后的振荡幅度较小，但输出波形比较好。调节 R_P 使 R_2 增大，输出电压的幅度增大，但输出电压波形失真也增大，当 R_2 的阻值增大到 $2R_1$，使得无论二极管 VD_1、VD_2 导通与否，电路均满足 $|\dot{A}_u| > 3$，VD_1、VD_2 失去了自动稳幅的作用，此时振荡将会产生严重的限幅失真。所以为了使输出电压波形不产生严重的失真，要求 R_2 的值必须小于 $2R_1$。由此可见，为了使电路容易起振，又不产生严重的波形失真，应调节 R_P 使 R_2 满足 $2R_1 > R_2 > (2R_1 - R_3)$。

3. RC 移相式振荡电路

除了 RC 桥式振荡电路以外，还有一种最常见的 RC 振荡电路称为 RC 移相式振荡电路，其电路如图 5-6 所示，图中反馈网络由三节 RC 移相电路构成。

由于集成运算放大器的相移为 $180°$，为满足振荡的相位平衡条件，要求反馈网络对某一频率的信号再移相 $180°$，图 5-6 中 RC 构成超前相移网络。由于一节 RC 电路的最大相移为 $90°$，不能满足振荡的相位起振条件；二节 RC 电路的最大相移可以达到 $180°$，但当相移等于 $180°$ 时，输出电压已接近于零，故不能满足振幅起振条件。所以，这里采用三节 RC 超前相移网络，三节相移网络对不同频率的信号所产生的相移是不同的，但其中总有某一个频率的信号，通过此网络产生的相移刚好为 $180°$，满足相位平衡条件而产生

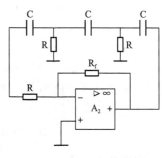

图 5-6　RC 移相式振荡电路

振荡，该频率即为振荡频率 f_0。根据相位平衡条件，可求得 RC 移相式振荡电路的振荡频率为

$$f_0 = \frac{1}{2\pi \sqrt{6} RC} \tag{5-12}$$

RC 移相式振荡电路具有结构简单、经济方便等优点。其缺点是选频性能较差，频率调节不方便，由于输出幅度不够稳定，输出波形较差，一般只用于振荡频率固定，稳定性要求不高的场合。

5.1.3　LC 振荡电路

采用 LC 谐振回路作为选频网络的正弦波振荡电路称为 LC 振荡电路。它主要用来产生高频正弦振荡信号，一般在 1MHz 以上。根据反馈形式的不同，LC 振荡电路可分为变压器反馈式和三点式 LC 振荡电路。

1. LC 并联谐振回路

LC 并联谐振回路的电路图如图 5-7（a）所示，图中 r 表示线圈 L 的等效损耗电阻。由于电容的损耗很小，可略去。由图可得并联谐振回路的等效阻抗为

$$Z = \frac{(r + j\omega L)\dfrac{1}{j\omega C}}{r + j\omega L + \dfrac{1}{j\omega C}}$$

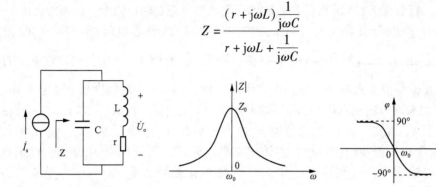

| （a）电路 | （b）幅频特性 | （c）相频特性 |

图 5-7　LC 并联谐振回路

一般情况下有 $\omega L \gg r$，所以

$$Z \approx \frac{L/C}{r + j\left(\omega L - \dfrac{1}{\omega C}\right)} = \frac{\dfrac{L}{C_r}}{1 + jQ\left(\dfrac{\omega}{\omega_0} - \dfrac{\omega_0}{\omega}\right)} \tag{5-13}$$

其中

$$\omega_0 = \frac{1}{\sqrt{LC}} \tag{5-14}$$

$$Q = \sqrt{\frac{L}{C}}\bigg/ r \tag{5-15}$$

式中，ω_0 为并联谐振频率；Q 为并联谐振回路的品质因数，用来评价回路损耗的大小，一般在几十到几百之间。

由式（5-13）可得并联谐振回路的阻抗幅频特性和相频特性分别做出幅频特性和相频特性曲线如图 5-7（b）、（c）所示。由图可见，当 $\omega = \omega_0$ 时，回路产生谐振，I 与 $\dot{U}_o$ 同相，$\varphi = 0$，回路阻抗 $|Z| = Z_0 = L/C_r$ 为最大，且为纯电阻，故将 Z_0 称为谐振电阻。若维持电流源 I 幅度不变，在谐振频率附近改变其频率，则输出电压 $\dot{U}_o$ 的变化规律与回路的阻抗频率特性相似，显然并联谐振回路具有很好的选频作用。

$$|Z| = \frac{\dfrac{L}{C_r}}{\sqrt{1 + Q^2\left(\dfrac{\omega}{\omega_0} - \dfrac{\omega_0}{\omega}\right)^2}} \tag{5-16}$$

$$\varphi = -\arctan Q\left(\frac{\omega}{\omega_0} - \frac{\omega_0}{\omega}\right) \tag{5-17}$$

2. 变压器反馈式 LC 振荡电路

变压器反馈式 LC 振荡电路原理如图 5-8 所示。图中 L、L_f 组成变压器，其中 L 为一次线圈电感，L_f 为反馈线圈电感，用来构成正反馈。L、C 组成并联谐振回路，作为放大

器的负载,构成选频放大器。R_{B1}、R_{B2}和R_E为放大器的直流偏置电阻,C_B为耦合电容,C_E为发射极旁路电容,对振荡频率而言,C_B、C_E的容抗很小可看成短路。

当I的频率与 LC 谐振回路谐振频率相同时,LC 回路的等效阻抗为一纯电阻,且为最大,可见,$\dot{U}_o$与I反相。如变压器同名端如图 5-8 所示,则$\dot{U}_f$与$\dot{U}_o$反相,所以,$\dot{U}_f$与I同相,满足了振荡的相位起振条件(I、$\dot{U}_o$、$\dot{U}_f$的瞬时极性用$\oplus$或$\ominus$标于图中)。由于 LC 回路的选频作用,电路中只有等于谐振频率的信号得到足够的放大,只要变压器一、二次间有足够的耦合度,就能满足振幅起振条件而产生正弦波振荡,其振荡频率决定于 LC 并联谐振回路的谐振频率,即

$$f_0 = \frac{1}{2\pi \sqrt{LC}} \tag{5-18}$$

3. 三点式 LC 振荡电路

三点式 LC 振荡电路是另一种常用的 LC 振荡电路,其特点是电路中 LC 并联谐振回路的三个端子分别与放大器的三个端子相连,故而称为三点式 LC 振荡电路。

(1)电感三点式 LC 振荡电路

电感三点式 LC 振荡电路又称为哈特莱振荡器,其原理电路如图 5-9 所示,图中晶体管 VT 构成共发射极放大电路,电感 L_1、L_2 和电容 C 构成正反馈选频网络。谐振回路的三个端点 1、2、3,分别与晶体管的三个电极相接,反馈信号 $\dot{U}_f$ 收自电感线圈 L_2 两端电压,故称为电感三点式 LC 振荡电路,也称为电感反馈式 LC 振荡电路。

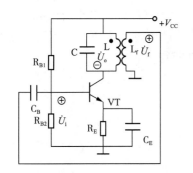
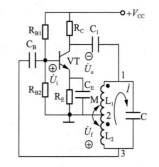

图 5-8　变压器反馈式 LC 振荡电路原理　　　　图 5-9　电感三点式 LC 振荡电路

由图 5-9 可见,当回路谐振时,相对于参考点底电位,输出电压 $\dot{U}_o$,与输入电压 $\dot{U}_i$,反相,而$\dot{U}_f$与$\dot{U}_o$反相,所以$\dot{U}_f$与I同相,电路在回路谐振频率上构成正反馈,从而满足了振荡的相位平衡条件。由此可得到振荡频率为

$$f_0 = \frac{1}{2\pi \sqrt{LC}} = \frac{1}{2\pi \sqrt{(L_1 + L_2 + 2M)C}} \tag{5-19}$$

式中,M 为两部分线圈之间的互感系数。

电感三点式 LC 振荡电路的优点是容易起振,这是L_1与L_2之间耦合很紧,正反馈较强的缘故。此外,改变振荡回路的电容,就可以很方便地调节振荡信号频率。但由于反馈信号取自电感L_2两端,而L_2对高次谐波呈现高阻抗,故不能抑制高次谐波的反馈,因此电感三点式 LC 振荡电路输出信号中的高次谐波成分较多,信号波形较差。

（2）电容三点式 LC 振荡电路

电容三点式 LC 振荡电路也称为考皮兹振荡，其原理如图 5-10 所示。由图可见，其电路构成与电感三点式 LC 振荡电路基本相同，不过正反馈选频网络由电容C_1、C_2和电感 L 构成，反馈信号 $\dot{U}_f$ 取自电容C_2两端，故称为电容三点式 LC 振荡电路，也称为电容反馈式 LC 振荡电路。由图 5-10 不难判断在回路谐振频率上，反馈信号 $\dot{U}_f$ 与输入电流 I 同相，满足振荡的相位平衡条件。电路的振荡频率近似等于谐振回路的谐振频率，即

$$f_0 = \frac{1}{2\pi \sqrt{LC}} = \frac{1}{2\pi \sqrt{L \dfrac{C_1 C_2}{C_1 + C_2}}} \tag{5-20}$$

电容三点式 LC 振荡电路的反馈信号取自电容C_2两端，因为C_2对高次谐波呈现较小的容抗，反馈信号中高次谐波的分量小，故电容三点式 LC 振荡电路的输出信号波形较好。但当通过改变C_1或C_2来调节振荡频率时，同时会改变正反馈量的大小，因而会使输出信号幅度发生变化，甚至可能会使电容三点式 LC 振荡电路停振。所以调节这种电容三点式 LC 振荡电路的振荡频率很不方便。

（3）三点式 LC 振荡电路的组成原则

由以上讨论可以得到三点式 LC 振荡电路的基本结构形式，如图 5-11 所示（它略去直流电源和偏置电路）。图 5-11 中，用 X_1、X_2、X_3 分别表示组成谐振回路的三个电抗元件，X_1 与 X_2 为同性质的电抗元件，以使电路满足相位平衡条件；X_3 与 X_1、X_2 为异性质的电抗元件，以保证 X_1、X_2、X_3 组成谐振回路。这就是三点式 LC 振荡电路的组成原则。符合这种结构的三点式 LC 振荡电路如满足振幅平衡条件，就可以产生正弦波振荡，振荡频率近似等于谐振回路的谐振频率，可由 $X_1 + X_2 + X_3 = 0$ 求得。

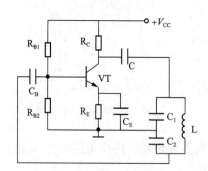

图 5-10　电容三点式 LC 振荡电路

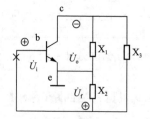

图 5-11　三点式 LC 振荡电路的基本结构

【例 5.2】试分析图 5-12 所示电路能否产生正弦波振荡。若能振荡，现已知 $L_1 = 100\mu H$、$L_2 = 20\mu H$，$M = 5\mu H$，$C = 470pF$，求出其振荡频率f_0。

解：图中晶体管 VT 与 LC 回路构成共发射极选频放大器，通过 L_2 将振荡电压反馈到输入端，电路含有放大器、选频网络、反馈网络和稳幅环节共 4 部分，R_{B1}、R_{B2}、R_E 构成放大器的分压式电流负反馈偏置电路，放大器有合适的静态工作点。

下面分析图 5-12 所示电路的相位平衡条件。在基极令放大器的输入电流 I 的瞬时极性为 ⊕（对参考点地电位），由于 LC 回路谐振时呈现纯电阻，所以放大器输出电压 $\dot{U}_o$ 与 I 反

相，瞬时极性为⊖。由于谐振回路电感线圈中间抽头 2 端为交流地电位，所以 L_1 上的压降即为输出电压 $\dot{U}_o$，瞬时极性 1 端为⊖、2 端为⊕，如图 5-12 所示。因 L_2 与 L_1 线圈绕向一致，故 L_2 上压降瞬时极性 3 端为⊕、2 端为⊖，L_2 上的压降即为反馈电压 $\dot{U}_f$，可见 $\dot{U}_f$ 与 $\dot{U}_o$ 反相，而 $\dot{U}_o$ 与 I 反相，所以 $\dot{U}_f$ 与 I 同相，满足振荡的相位平衡条件，只要电路参数选得适当，电路就可以满足振幅条件而产生正弦波振荡。

在交流通路中，由于谐振回路的 3 个端点分别

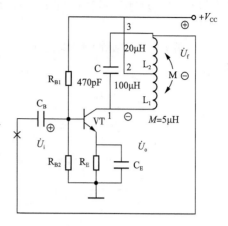

图 5-12　电感三点式 LC 振荡电路分析

与晶体管的 3 个电极相连接，反馈信号 $\dot{U}_f$，取自 L_2 两端电压，所以图 5-12 所示电路为电感三点式 LC 振荡电路。根据 LC 谐振回路参数可求得振荡频率 f_0 为

$$f_0 = \frac{1}{2\pi\sqrt{(L_1+L_2+2M)C}} = \frac{1}{2\pi\sqrt{(100+20+10)\times10^{-6}\times470\times10^{-12}}}\text{Hz} = 0.644\text{MHz}$$

5.2　非正弦波信号产生电路

常见的非正弦波信号产生电路有矩形波发生器、三角波发生器、锯齿波发生器产生电路等。由于在非正弦波信号产生电路中经常要用到比较器，这里先介绍比较器的基本工作原理。

5.2.1　比较器

信号幅度比较电路大致可分为三种：电压比较器、滞回比较器和窗口比较器。

电压比较器

1. 电压比较器

电压取样监视电路是一种信号幅度比较电路，属于信号处理电路的一种。它用来比较输入信号和基准信号的大小，并将比较结果在输出端输出的电路，也称为电压比较器。

电压比较电路如图 5-13（a）所示，参考电压 U_{REF} 加在同相输入端，输入电压 u_i 加在反相输入端，电路工作在开环状态。

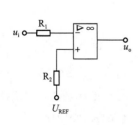

（a）电压比较电路

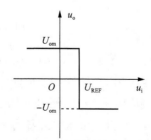

（b）理想集成运放时的传输特性

图 5-13　电压比较器

由图 5-13（b）可知：当 $u_i < U_{REF}$ 时，u_o 输出为高电平 U_{om}；当 $u_i > U_{REF}$ 时，u_o 输出为低电平 $-U_{om}$。

① 若 u_i 加在同相输入端，U_{REF} 加在反相输入端，则电压传输特性如图 5-14（a）所示。

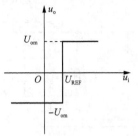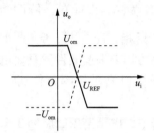

（a）同相端输入时电压传输特性　　　　（b）非理想集成运放时电压传输特性

图 5-14　电压比较器传输特性

② 实用中，集成运算放大电路的开环电压放大倍数总是有限的，现设 $A_u = 10^5$，$U_{om} = \pm 10V$（具体数值由集成运算放大电路的技术参数和电源电压决定，可查手册获取），则电压比较器输出达到最大输出电压 U_{om} 时所需的净输入电压为

$$|u_{id}| = |u_i - U_{REF}| = \left|\frac{U_{om}}{A_u}\right| = \pm 0.1mV$$

故：

反相端输入，$u_i \leqslant U_{REF} - 0.1mV$ 时，$u_o = +U_{om} = +10V$；$u_i \geqslant U_{REF} + 0.1mV$ 时，$u_o = -U_{om} = -10V$。电压传输特性如图 5-14（b）实线所示。

同相端输入，$u_i \leqslant U_{REF} - 0.1mV$ 时，$u_o = -U_{om} = -10V$；$u_i \geqslant U_{REF} + 0.1mV$ 时，$u_o = +u_{om} = +10V$。电压传输特性如图 5-14（b）虚线所示。

③ 不接基准电压，即 $U_{REF} = 0$ 时，电路如图 5-15（a）所示，该电路称为过零比较器。

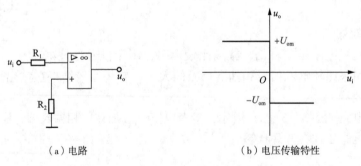

（a）电路　　　　　　　　（b）电压传输特性

图 5-15　过零比较器

由图 5-15（b）所示，当 $u_i < 0$ 时，电压比较器输出高电平；当 $u_i > 0$ 时，电压比较器输出低电平。当 u_i 由负值变为正值时，输出电压 u_o 由高电平跳变为低电平；当 u_i 由正值变为负值时，输出电压 u_o 由低电平跳变为高电平。通常把比较器输出电压 u_o 从一个电平跳变为另一个电平所对应的输入电压称为阈值电压 U_T（又称门限电压）。

④ 为了将输出电压限制在某一特定值，以与接在输出端的数字电路电平相配合，可在输

出端接一个双向稳压管进行限幅，如图 5-16（a）所示。其电压传输特性如图 5-16（b）所示（$U_z < U_{om}$）。

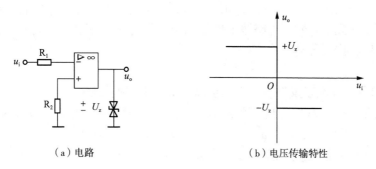

（a）电路　　　　　　　　　（b）电压传输特性

图 5-16　有限幅的过零比较器

2. 滞回比较器

前述电压比较器只有一个固定的阈值电压，存在两个缺点：一是当集成运算放大电路的 A_{ud} 不是非常大时，电压传输特性由一个输出状态向另一个输出状态的转换部分不够陡峭，故不能很灵敏地判断 u_i 和 U_{REF} 的相对大小；二是当输入信号中叠加有干扰信号时，输出可能在 $+U_{om}$ 和 $-U_{om}$ 间跳动。若利用这种输出电压控制电动机（如风扇电动机），电动机可能会出现频繁的起停现象，这是不允许的。

为了改善电压比较器的性能，可以采用图 5-17 所示的具有滞回特性的比较器（又称施密特触发器）。图中：输入信号 u_i 从反相端输入；输出端接有一个双向稳压管，将输出电压稳定在 $\pm U_z$；R_1 是限流电阻；R_2、R_3 有两个作用，一是构成电压串联正反馈，加速输出高、低电平转换，二是对 u_o 分压，为同相端提供两种基准电压。

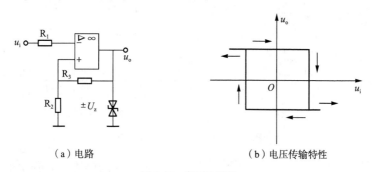

（a）电路　　　　　　　　　（b）电压传输特性

图 5-17　滞回比较器

由图 5-17（a）可知

$$u_+ = \frac{R_2}{R_2+R_3}u_o = \frac{R_2}{R_2+R_3}\ (\pm U_z) \tag{5-21}$$

当输出为 $+U_z$ 时，$u_+ = \frac{R_2}{R_2+R_3}U_z = U_{T+}$，称为上限阈值电压；当输出为 $-U_z$ 时，$u_- = -\frac{R_2}{R_2+R_3}U_z = U_{T-}$，称为下限阈值电压。

滞回比较器的工作原理叙述如下。

设开始时 $u_o = U_z$。当 u_i 由负向正变化，且使 u_i 稍大于 U_{T+} 时，u_o 由 U_z 跳变为 $-U_z$，电路输出翻转一次；当 u_i 由正向负变化，回到 U_{T+} 时，由于此时阈值为 U_{T-}，电路输出并不翻转，只有在 u_i 稍小于 U_{T-} 时，u_o 由 $-U_z$ 跳转为 U_z，电路输出才翻转一次。同样，u_i 再次由负向正变化到 U_{T-} 时，电路输出也不翻转，只有在 u_i 稍大于 U_{T+} 时，u_o 由 U_z 再次变为 $-U_z$，电路输出又翻转一次。

说明：

① 由于该电路存在正反馈，因而输出高、低电平转换很快。

例如，设开始时 $u_o = U_z$，当 u_i 增加到 U_{T+}，使 u_o 有下降趋势时，正反馈过程为：

$$u_o \downarrow \rightarrow u_+ \downarrow \rightarrow (u_{id} = u_i - u_+) \uparrow \rightarrow u_o \downarrow$$

这个正反馈过程很快使输出 u_o 由 U_z 跳转到 $-U_z$。

② 两个阈值的差称为回差电压，即

$$\Delta U = U_{T+} - U_{T-} \tag{5-22}$$

调节 R_2、R_3 的值，可改变回差电压值。回差电压大，抗干扰能力强，延时增加。实用中，就是通过调整回差电压来改变电路某些性能的。

③ 还可以在同相端再加一个固定值的参考电压 U_{REF}。此时，回差电压不受影响，改变的只是阈值，在电压传输特性上表现为特性曲线沿 u_i 前后平移。因此，抗干扰能力不受影响，但越限保护电路的门限发生了改变。

④ 目前有专门设计的集成比较器供选用。集成比较器从本质上来说，与集成运算放大电路没有什么区别，但它输出的高电平和低电平与数字部件的要求相一致，便于与数字部件连接。常用的单电压集成比较器 J631、四电压集成比较器 CB75339 引脚图如图 5-18 所示。

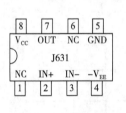
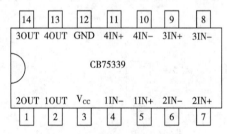

（a）单电压集成比较器　　　　（b）四电压集成比较器

图 5-18　常用电压比较器引脚图

【例 5.3】电路如图 5-19（a）所示，试求上、下限阈值电压，并画出电压传输特性。

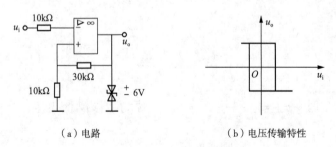

（a）电路　　　　（b）电压传输特性

图 5-19　滞回比较器图

解： 由电路可知，当反相输入端电压低于同相输入端电压时，输出电压被双向稳压管箝位在高电平 6V。此时，同相输入端电压即为上限阈值电压。即

$$U_{T+} = \frac{10}{30 + 10} \times 6V = 1.5V$$

当 $u_i > 1.5V$ 时，输出电压由高电平 6V 跳变为被双向稳压管箝位的低电平 $-6V$。此时，同相输入端电压跳变为下限阈值电压。即

$$U_{T-} = \frac{10}{30 + 10} \times (-6V) = -1.5V$$

故当反相输入端电压 $u_i < -1.5V$ 时，输出电压由低电平 $-6V$ 跳变为高电平 6V。电压传输特性如图 5-19（b）所示。

3. 窗口比较器

窗口比较器的电路和电压传输特性如图 5-20 所示，主要用来检测输入电压 u_i 是否在两个电平之间。设 $U_{REF1} < 0$、$U_{REF2} > 0$，当 $u_i < U_{REF1}$ 时，VD_1 导通，输出电压 u_o 为高电平 U_{om}；当 $u_i > U_{REF2}$ 时，VD_2 导通，输出电压 u_o 仍为高电平 U_{om}。只有当 $U_{REF1} < u_i < U_{REF2}$ 时，VD_1、VD_2 截止，输出电压 u_o 为低电平 0。

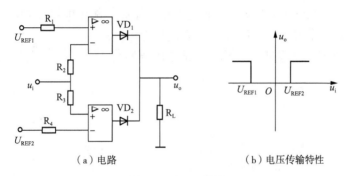

（a）电路　　　　　　　　　　　（b）电压传输特性

图 5-20　窗口比较器

【特别提示】

信号幅度比较电路的集成运算放大电路工作在非线性区，即在开环状态下运行。因集成运算放大电路的开环放大倍数很高，只要在输入端有一个微小的差值信号，就会使输出电压达到极限值，输出高电平或低电平。其通常用于越限报警、模拟电路与数字电路接口、波形变换等场合。

例如在电子测量技术、电子计算机及某些断续测量和控制系统中常采用窗口比较器，在当前工业产品的检测与自动分选控制中，用窗口比较器给出检测结果的信息，把这些信息加以处理就成为自动化程度较高的自动生产、检测、分选流水线，所以窗口比较器的应用非常广泛，在自动控制中起到非常重要的作用。

5.2.2　矩形波发生器

矩形波信号常用来作为数字电路的信号源或模拟电子开关的控制信号，它也是其他非正弦波发生电路的信号基础。能产生矩形波信号的电路称为矩形波发生器。因为矩形波中含有丰富的谐波成分，所以矩形波发生器也称为多谐振荡器。

矩形波发生器

图 5-21 所示为矩形波发生器电路。其中，运算放大器与 R_1、R_2、R_3、VD_z 组成了双向限副的迟滞电压比较器，其基准电压是 U_+，与输出有关。当输出为 $+U_z$ 时，有

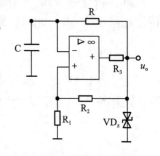

$$U_+ = U_z \frac{R_2}{R_1 + R_2} = U_{+H} \qquad (5-23)$$

当输出为 $-U_z$ 时，有

$$U_+ = -U_z \frac{R_2}{R_1 + R_2} = U_{+L} \qquad (5-24)$$

图 5-21　矩形波发生器电路

R、C 组成电容充、放大电路，$u_c = 0$（u_c 为电容两端的电压），运算放大器的输出处于正饱和值还是负饱和值是随机的。设此时输出处于正饱和值，则 $u_c = +U_z$。矩形波比较器的基准电压为 U_{+H}。u_o 通过 R 给 C 充电，u_c 按指数规律上升，u_c 上升的速度取决于时间常数 RC。当 $u_c < U_{+H}$ 时，$u_c = +U_z$ 不变，当 u_c 上升略大于 U_{+H} 时，运算放大器由正饱和迅速转换为负饱和，输出电压跃为 $-U_z$。

当 $u_o = -U_z$ 时，矩形波比较器的基准电压为 U_{+L}。此时 C 经 R 放电，u_c 逐渐下降至 0，进而反向充电，u_c 按指数规律下降，u_c 变化的速度仍取决于时间常数 RC。当 u_c 下降到略小于 U_{+L} 时，运算放大器由负饱和匀速转换为正饱和，输出电压跃变为 $+U_z$。

如此不断重复，形成振荡，使输出端形成矩形波。u_c 与 u_o 的波形如图 5-22 所示。容易推出，输出矩形波的周期为

$$T = 2RC\ln\left(1 + \frac{2R_1}{R_1}\right) \qquad (5-25)$$

则输出频率为

$$f = \frac{1}{T} = \frac{1}{2RC\ln\left(1 + \frac{2R_1}{R_2}\right)} \qquad (5-26)$$

显然，改变 R 或 C 的数值，可以改变波形的频率。

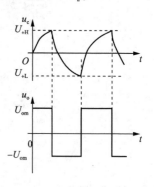

图 5-22　矩形波发生器输出波形

5.2.3　三角波发生器

三角波发生器广泛应用于电子电路、自动控制系统和教学实验等领域。三角波发生器由方波发生电路、积分电路、显示电路、电源电路 4 部分构成，其中方波发生电路产生方波；积分电路则将输入的方波积分得到三角波。

若将方波发生电路的输出作为积分运算电路的输入，则积分运算电路的输出就是三角波。三角波发生器电路如图 5-23 所示，其中积分运算电路一方面进行波形转换，另一方面，取代矩形波发生器的 RC 回路。

三角波发生器

运算放大器 A_1 组成滞回比较器，$u_{o1} = \pm U_z$；A_2 组成积分电路，$u_{i2} = u_{o1}$。

由图 5-23，利用叠加原理可以得到：滞回比较器同相端输入电压为

$$u_{+1} = \frac{R_1}{R_1 + R_2} u_{o1} + \frac{R_1}{R_1 + R_2} u_o$$

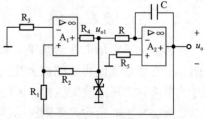

图 5-23　三角波发生器电路

反相端输入电压（基准电压）$u_{-1} = 0$。当 $u_{+1} > 0$ 时，$u_{o1} = +U_z$，u_o 线性下降。此时

$$u_{+1} = \frac{R_1}{R_1 + R_2}\ (\ +U_z\ )\ + \frac{R_1}{R_1 + R_2} u_o$$

当 u_o 下降到使 $u_{+1} = 0$ 时，有

$$u_o = -\frac{R_2}{R_1} U_z$$

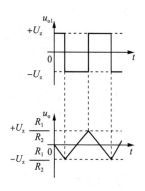

u_{o1} 从 $+U_z$ 翻转为 $-U_z$，u_o 线性上升。此时

$$u_{+1} = \frac{R_1}{R_1 + R_2}\ (\ -U_z\ )\ + \frac{R_1}{R_1 + R_2} u_o$$

同理，当 u_o 上升到使 $u_{+1} = 0$ 时，

$$u_o = \frac{R_2}{R_1} U_z$$

u_{o1} 从 $-U_z$ 翻转到 $+U_z$，u_o 线性下降。

图 5-24　三角波发生器波形

如此周期性地变化，A_1 输出的矩形波电压 u_{o1}，A_2 输出、输出的是三角波电压 u_o。工作波形如图 5-24 所示，可以推出三角波的周期和频率取决于电路的参数，即

$$T = \frac{4R_1 RC}{R_2}$$

$$f = \frac{R_2}{4R_1 RC}$$

锯齿波发生器

5.2.4　锯齿波发生器

将图 5-23 所示的三角波发生器的积分电路做一下改动，使正、负积分时间常数大小不同，故积分速率明显不等。这样产生的输出波形就不再是三角波而是锯齿波。锯齿波发生器电路如图 5-25 所示。

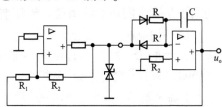

图 5-25　锯齿波发生器电路

实 践 项 目

实训 5.1　RC 桥式振荡电路的组装与调试

一、实训目的
1. 学习和掌握 RC 桥式振荡电路元器件的选择和 RC 桥式振荡电路的调整测试方法。
2. 培养独立进行电路组装和调试的能力。

二、内容及要求
1. 根据下列要求自拟一个 RC 桥式振荡电路。

振荡频率 $1 \sim 2\text{kHz}$；输出电压幅度 $U_{\text{om}} \geq 1.5\text{V}$（负载 $10\text{k}\Omega$）；振荡波形正负半周对称，无明显失真（要求选择电源电压集成运算放大器，并确定所有电路元器件值）。

2. 拟定调整测试内容方法、步骤，测试表格及所需测量仪器。

3. 组装电路并调整测试。

4. 撰写调试报告。要求有电路元器件选择过程，调整测试内容方法、步骤、测试记录及结乘分析等。

三、RC 桥式振荡电路元器件的选择及调试方法

1. RC 桥式振荡电路元器件的选择

（1）集成运算放大器的选择

对运算放大器的选择，除要求输入电阻高、输出电阻低以外，最主要的是运算放大器的增益带宽积应满足如下条件，即

$$BW_G > 3f_0 \tag{5-27}$$

因振荡输出幅度比较大，集成运算放大器工作在大信号状态，所以要求转换速率 S_n 满足

$$S_n \geq w_0 U_{\text{om}} \tag{5-28}$$

（2）选频网络元器件值的确定

这时应按照振荡频率 $f_0 = 1/(2\pi RC)$ 来选择 RC 的大小。为了减小集成运算放大器输入阻抗对振荡频率的影响，应选择较小的 R；但为了减小集成运算放大器输出阻抗对振荡频率的影响，希望 R 大些。通常集成运算放大器的输入电阻均比较大，所以 R 可取大些，一般可取几千欧姆至几十千欧姆的电阻。电容 C 一般应大于几百皮法，以减小电路寄生电容对振满频率的影响，但电容值过大以至于需采用电解电容则是不合适的。因此，电容可在几百皮法至 1 微法之间选择。为了提高振荡频率的稳定度，一般选用稳定性较好、精度较高的电阻（如 E24 系列 RJ 型电阻及 E96 系列高精度电阻）和介质损耗较小的电容。

（3）负反馈电路元器件值的确定

负反馈电路元器件参数的大小将决定闭环后的增益：闭环增益大，起振容易、输出幅度大，但振荡波形易产生失真；闭环增益小，输出波形好，但幅度小且容易停振。为了获得稳定的、具有一定幅度且失真很小的振荡波形，通常采用非线性电阻构成负反馈电阻。采用图 5-5 所示电路时，选用稳幅二极管应注意：① 从幅度的温度稳定性考虑，宜选用硅二极管；② 为了保证正、负半波幅度对称，VD_1、VD_2 的特性应一致。其次，电阻 R_3 越大，负反馈自动调节作用越灵敏、稳幅效果越好；R_3 减小，波形失真减小，但稳幅效果会变差，可见选择 R_3 时应两者兼顾。实践证明，R_3 取几千欧姆即可（也可通过调试决定）。

R_1 的阻值过大，则流过负反馈电路的电流不足，会使二极管的非线性电阻特性不明显，但 R_1 的阻值过小，又会使集成运算放大器输出电流过大。一般 R_1 的阻值应在数百欧到数千欧之间选取。

当 R_1 和 R_3 阻值确定后，可按：$2R_1 > R_2 > (2R_1 - R_3)$ 来选定 R_p 的大小并留有一定的余量。

2. RC 桥式振荡电路的调试步骤

① 检查电路接线，应特别检查集成运算放大器输出端有没有复路，正、负电源有没有接错，确认没有错误后合上直流电源。

② 用示波器观察输出端电压波形，若没有波形，应调节 R_p 增大 R_2 值，直至出现振荡波形为止。若电位器 R_p 调至使 R_2 为最大，仍无振荡波形应切断电源，再进行电路接线检

查，找出故障并消除后，再接通直流电源。若有波形，且调节 R_p 输出波形幅度发生变化，说明示波器所显示波形是正常的振荡波形。

③ 若振荡波形严重失真，应先调节 R_p 减小 R_2 或适当减小 R_3；若波形不对称，应检查二极管特性是否相同。

④ 振荡频率的调整。固定电容 C、改变电阻或固定电阻 R、改变 C（串并联 R 和 C 应同步调整），直至振荡频率达到要求时为止。

⑤ 适当调节 R_p 使振荡波形失真度及幅度达到要求，固定 R_p 后可用示波器、交流毫伏表及频率计对 RC 桥式振荡电路的性能进行测量。

实训 5.2　方波产生电路的调整与测试

一、实训目的

1. 掌握方波产生电路的结构及工作特点。

2. 熟悉非正弦波产生电路调整与测试的基本方法。

3. 提高应用集成运算放大器及独立进行电路试验的能力。

二、内容及要求

1. 采用集成运算放大器自拟一简单的方波产生电路（可参考本章习题图 5-39 电路），要求：$f_0 \approx 1\text{kHz}$。

2. 拟定调整测试内容、方法、步骤及记录表格。

3. 组装电路并进行调试。

4. 撰写测试报告。要求有电路计算过程，调整测试内容、方法、步骤，测试记录及结果分析等。

本　章　小　结

1. 将放大电路输出信号（电压或电流）的部分或全部通过一定的电路（反馈电路）回送到输入回路的反送过程称为反馈。反馈分为正反馈和负反馈，正反馈虽能提高放大倍数，但同时也加剧了放大电路性能的不稳定性，主要用于正弦波振荡电路；负反馈虽降低了放大倍数，但却换来了放大电路性能的改善。负反馈包括 4 种组态，即电压串联负反馈、电压并联负反馈、电流串联负反馈和电流并联负反馈。通过学习能够对电路的 4 种反馈组态进行正确的判断。

2. 集成运算放大电路是一种高增益直接耦合放大器，实用中有许多种类型，选用时应注意区分适用场合。掌握集成运算放大电路理想化条件是分析集成运算放大电路在线性和非线性应用时的基本概念和重要原则。理想运放线性应用时，若反相输入则有 $u_- = u_+ = 0$、$I_- = I_+$，若同相输入或差分输入则有 $u_- = u_+$、$I_- = I_+$。理想运放在开环或正反馈下作非线性器件时，其输出只有 $\pm U_{om}$ 两种状态。集成运算放大电路在使用时还要注意零点调整、消振、输入输出保护等，避免发生意外损坏。通过学习要掌握加减法运算电路、比例运算电路、积分运算电路、微分运算电路的电路结构及工作原理，并能熟练掌握集成运算放大电路的综合应用。

3. 信号处理电路主要包括电压比较器、滞回比较器、窗口比较器。本章对这 3 种比较器的电路结构与工作原理进行了阐述。测量放大器又称为数据放大器，是数据采集、精密测量、工业自动控制等系统中的重要组成部分，通常用于将传感器输出的微弱信号进行放大。

电压-电流变换器利用集成运算放大电路将输入电压线性地转换为输出电流，改变输入电压可以改变输出电流，而与负载电阻大小无关。当输入电压恒定时，输出电流将保持不变。

自 我 测 试

一、填空题

1. 正弦波振荡电路主要由_____、_____、_____、_____共4部分组成。

2. 设放大电路的放大倍数为 A_u，反馈网络的反馈系数为 F_u，则正弦波振荡电路的振幅平衡条件是_____，相位平衡条件是_____。

3. RC 桥式振荡电路输出电压为正弦波时，其反馈系数 F_u = _____，放大电路的电压放大倍数 A_u = _____；若 RC 串并联网络中的电阻均为 R，电容均为 C，则振荡频率 f_o = _____。

4. RC 桥式正弦波振荡电路中，负反馈电路必须采用_____原件构成，其主要目的是_____。

5. 石英晶体在并联晶体正弦波振荡电路中起_____元件作用。在串联晶体振荡器中起_____元件作用。石英晶体振荡器的优点是_____。

6. 电压比较器输出只有_____和_____两种状态，由集成运算放大器构成的电压比较器运算放大器工作在_____状态。

7. 滞回比较器引入了_____反馈，它有两个门限电压。

8. 三角波产生电路由_____和_____组成。

二、判断题

1. 因为 RC 串并联选频网络作为反馈网络时的 $\varphi_F = 0°$，单管共集放大电路的 $\varphi_A = 0°$，满足正弦波振荡电路的相位平衡条件 $\varphi_F + \varphi_A = 2\pi n$，故合理连接它们可以构成正弦波振荡电路。（   ）

2. 在 RC 桥式正弦波振荡电路中，若 RC 串并联选频网络中的电阻均为 R，电容均为 C，则其振荡频率 $f_0 = 1/(RC)$。（   ）

3. 电路只要满足 $|\dot{A} \dot{F}| = 1$，就一定会产生正弦波振荡。（   ）

4. 负反馈放大电路不可能产生自激振荡。（   ）

5. 在 LC 正弦波振荡电路中，不用通用型集成运算放大电路作放大电路的原因是其上限截止频率太低。（   ）

6. 为使电压比较器的输出电压不是高电平就是低电平，应在其电路中使集成运算放大电路不是工作在开环状态，就是仅仅引入正反馈。（   ）

7. 如果一个滞回比较器的两个阈值电压和一个窗口比较器的相同，那么当它们的输入电压相同时，它们的输出电压波形也相同。（   ）

8. 输入电压在单调变化的过程中，单限比较器和滞回比较器的输出电压均只跃变一次。（   ）

9. 单限比较器比滞回比较器抗干扰能力强，而滞回比较器比单限比较器灵敏度高。（   ）

三、选择题

1. LC 并联网络在谐振时呈（   ）；在信号频率大于谐振频率时呈（   ）；在信号

频率小于谐振频率时呈（　　　）。

    A. 容性　　　　　　B. 阻性　　　　　　C. 感性

  2. 当信号频率等于石英晶体的串联谐振频率时，石英晶体呈（　　　）；当信号频率在石英晶体的串联谐振频率和并联谐振频率之间时，石英晶体呈（　　　）；其他情况下，石英晶体呈（　　　）。

    A. 容性　　　　　　B. 阻性　　　　　　C. 感性

  3. 信号频率 $f = f_0$ 时，RC 串并联网络呈（　　　）。

    A. 容性　　　　　　B. 阻性　　　　　　C. 感性

  4. 信号产生电路的作用是在（　　　）情况下，产生一定频率和幅度的正弦或非正弦信号。

    A. 外加输入信号　　　　　　　　B. 没有输入信号

    C. 没有直流电源电压　　　　　　D. 没有反馈信号

  5. 正弦波振荡电路的振幅起振条件是（　　　）。

    A. $|A_u F_u| < 1$　　　　　　　B. $|A_u F_u| = 0$

    C. $|A_u F_u| = 1$　　　　　　　D. $|A_u F_u| > 1$

  6. 正弦波振荡电路中振荡频率主要由（　　　）决定。

    A. 放大倍数　　　　　　　　　　B. 反馈网络参数

    C. 稳幅电路参数　　　　　　　　D. 选频网络参数

  7. 常用正弦波振荡电路中，选频稳定度最高的是（　　　）振荡电路。

    A. RC 桥式　　　　　　　　　　B. 电感三点式

    C. 改进型电容三点式　　　　　　D. 石英晶体

习　题

  1. 判断图 5-26 所示各电路是否可能产生正弦波振荡，简述理由。设图 5-26（b）中 C_4 容量远大于其他 3 个电容的容量。

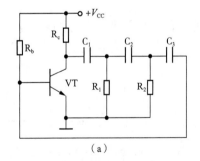 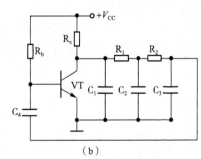

（a）　　　　　　　　　　　　　　　　　（b）

图 5-26

  2. 电路如图 5-27 所示，试求解：（1）R_W 的下限值；（2）振荡频率的调节范围。

  3. 电路如图 5-28 所示，稳压管起稳幅作用，其稳压值为 ±6V。试估算：

（1）输出电压不失真情况下的有效值。

（2）振荡频率。

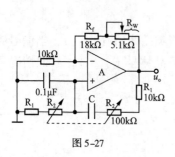

图 5-27

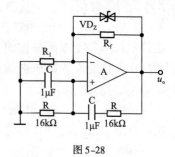

图 5-28

4. 电路如图 5-29 所示。

（1）为使电路产生正弦波振荡，标出集成运算放大电路的"＋"和"－"，并说明电路是哪种正弦波振荡电路。

（2）若 R_1 短路，则电路将产生什么现象？

（3）若 R_1 断路，则电路将产生什么现象？

（4）若 R_f 短路，则电路将产生什么现象？

（5）若 R_f 断路，则电路将产生什么现象？

5. 图 5-30 所示电路为正交正弦波振荡电路，它可产生频率相同的正弦信号和余弦信号。已知稳压管的稳定电压 $\pm U_Z = \pm 6\text{V}$，$R_1 = R_2 = R_3 = R_4 = R_5 = R$，$C_1 = C_2 = C$。

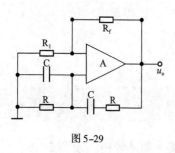

图 5-29

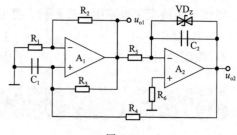

图 5-30

（1）试分析电路为什么能够满足产生正弦波振荡的条件。

（2）求出电路的振荡频率。

（3）画出 u_{o1} 和 u_{o2} 的波形图，要求表示出它们的相位关系，并分别求出它们的峰值。

6. 分别标出图 5-31 所示各电路中变压器的同名端，使之满足正弦波振荡的相位平衡条件。

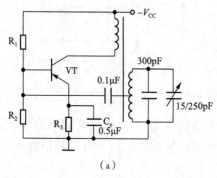

（a）

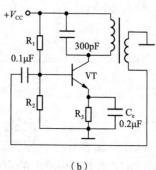

（b）

图 5-31

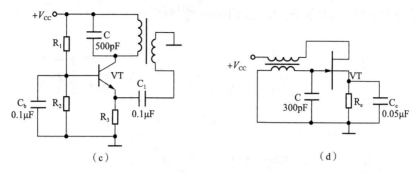

（c）

（d）

图 5-31（续）

7. 分别判断图 5-32 所示各电路是否可能产生正弦波振荡。

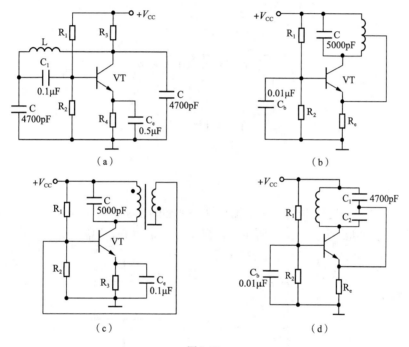

（a）

（b）

（c）

（d）

图 5-32

8. 试分别指出图 5-33 所示电路中的选频网络、正反馈网络和负反馈网络，并说明电路是否满足正弦波振荡的条件。

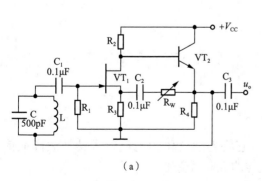

（a）

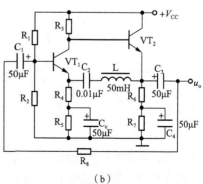

（b）

图 5-33

9. 试分别求解图5-34所示各电路的电压传输特性。

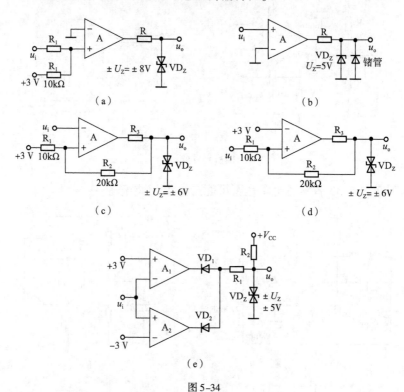

（a）

（b）

（c）

（d）

（e）

图5-34

10. 已知3个电压比较器的电压传输特性分别如图5-35（a）、（b）、（c）所示，它们的输入电压波形均如图5-35（d）所示，试画出 u_{o1}、u_{o2} 和 u_{o3} 的波形。

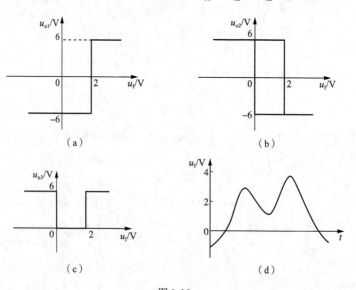

（a）

（b）

（c）

（d）

图5-35

11. 图5-36所示为光控电路的一部分，它将连续变化的光电信号转换成离散信号（即不是高电平，就是低电平），电流 I_1 随光照的强弱而变化。

（1）在 A_1 和 A_2 中，哪个工作在线性区，哪个工作在非线性区，为什么？

（2）试求出表示 u_o 与 I_1 关系的传输特性。

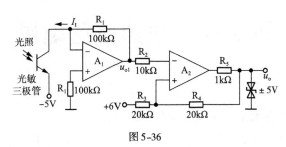

图 5-36

12. 波形发生电路如图 5-37 所示，设振荡周期为 T，在一个周期内 $u_{o1} = U_z$ 的时间为 T_1，则占空比为 T_1/T；在电路某一参数变化时，其他参数不变。选择① 增大、② 不变或③ 减小填入空内。

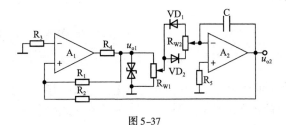

图 5-37

当 R_1 的值增大时，u_{o1} 的占空比将_____，振荡频率将_____，u_{o2} 的幅值将_____
____；

若 R_{W1} 的滑动端向上移动，则 u_{o1} 的占空比将_____，振荡频率将_____，u_{o2} 的幅值将_____；若 R_{W2} 的滑动端向上移动，则 u_{o1} 的占空比将_____，振荡频率将_____
__，u_{o2} 的幅值将_____。

13. 电路如图 5-38 所示，已知集成运算放大电路的最大输出电压幅值为 ±12V，u_i 的数值在 u_{o1} 的峰 – 峰值之间。

（1）求解 u_{o3} 的占空比与 u_i 的关系式；

（2）设 $u_i = 2.5$V，画出 u_{o1}、u_{o2} 和 u_{o3} 的波形。

14. 电路如图 5-39 所示，试画出输出电压 u_o 和电容 C 两端电压 u_C 的波形，求出它们的最大值和最小值以及振荡频率。

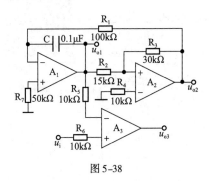

图 5-38

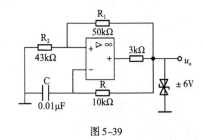

图 5-39

第 6 章　直流稳压电源

学习目标

- 掌握直流稳压电源基本组成及各部分的作用。
- 掌握两种整流电路：半波和桥式整流电路的电路结构、工作原理及器件参数的选择。
- 掌握各种滤波电路的电路结构、工作原理及特点。
- 掌握稳压管稳压电路的组成和工作原理。
- 了解串联型稳压电路和集成稳压电路的工作原理。

6.1　单相整流滤波电路

在工农业生产和科学研究中，主要应用交流电，但某些场合，如电解、电镀、蓄电池的充电、直流电动机等都需要直流电源供电，特别是电子线路、电子设备和自动控制装置都需要稳定的直流电源。目前，由交流电源经整流、滤波、稳压而得到的半导体直流稳压电源应用广泛，其原理框图如图 6-1 所示。

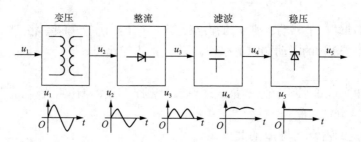

图 6-1　半导体直流稳压电源的原理框图

6.1.1　半波整流电路

半波整流电路的任务是把交流电压转变为单向脉动的直流电压。对于常见的小功率整流电路，为分析简单起见，我们把二极管当作理想元件处理，即加正向电压导通，且正向导通电阻为零（相当于短路），加反向电压截止，且反向电阻为无穷大（相当于开路）。

半波整流电路

1. 电路结构

半波整流电路及波形如图 6-2 所示。

2. 工作原理

u_2 正半周，二极管 VD 导通，产生电流经过二极管 VD 和负载电阻 R_L，$u_o = u_2$；u_2 负半周，二极管 VD 截止，无电流产生，$u_o = 0$。

3. 半波整流电路基本参数的含义及其计算

由输出波形可以看到，负载上得到的整流电压、电流虽然是单方向的，但其大小是变化的，这就是所谓的单向脉动电压，常用一个周期的平均值来衡量它的大小。这个平均值就是它的直流分量。

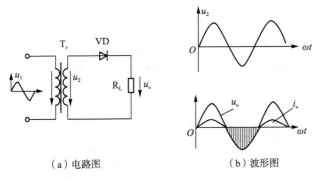

（a）电路图　　　　　　　　　（b）波形图

图 6-2　半波整流电路及波形

（1）输出电压平均值 $U_{\mathrm{O(AV)}}$：负载电阻上电压的平均值（U_2 表示 u_2 的有效值）

$$U_{\mathrm{O(AV)}} = \frac{1}{2\pi}\int_0^\pi \sqrt{2}\,U_2\sin\omega t\,\mathrm{d}\,(\omega t) = \frac{\sqrt{2}}{\pi}U_2 \approx 0.45U_2 \tag{6-1}$$

（2）输出电流平均值 $I_{\mathrm{O(AV)}}$：流过负载电阻上电压的平均值

$$I_{\mathrm{O(AV)}} = \frac{U_{\mathrm{O(AV)}}}{R_{\mathrm{L}}} \approx \frac{0.45U_2}{R_{\mathrm{L}}} \tag{6-2}$$

（3）脉动系数 S：最低次谐波的幅值与输出电压平均值之比

$$S = \frac{U_{\mathrm{O1M}}}{U_{\mathrm{O(AV)}}} = \frac{U_2}{\sqrt{2}} \bigg/ \frac{\sqrt{2}\,U_2}{\pi} = \frac{\pi}{2} \approx 1.57 \tag{6-3}$$

（4）二极管的平均电流 $I_{\mathrm{D(AV)}}$：等于负载电流的平均值 $I_{\mathrm{O(AV)}}$

$$I_{\mathrm{D(AV)}} = I_{\mathrm{O(AV)}} = \frac{0.45U_2}{R_{\mathrm{L}}} \tag{6-4}$$

（5）二极管所承受的最大反向电压 U_{Dmax}

$$U_{\mathrm{Dmax}} = \sqrt{2}\,U_2 \tag{6-5}$$

【例 6.1】 有一单相半波整流电路，如图 6-3 所示。已知负载电阻 $R_{\mathrm{L}} = 750\ \Omega$，变压器副边电压 $U_2 = 20\ \mathrm{V}$，试求 U_{O}、I_{O}，并选用二极管。

解：

$$U_{\mathrm{O}} = 0.45U_2 = 0.45 \times 20 = 9\,\mathrm{V}$$

$$I_{\mathrm{O}} = \frac{U_{\mathrm{O}}}{R_{\mathrm{L}}} = \frac{9}{750} = 0.012\mathrm{A} = 12\mathrm{mA}$$

$$I_{\mathrm{D}} = I_{\mathrm{O}} = 12\mathrm{mA}$$

$$U_{\mathrm{Dmax}} = \sqrt{2}\,U_2 = \sqrt{2} \times 20 = 28.2\,\mathrm{V}$$

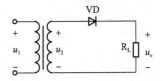

图 6-3　单相半波整流电路

查半导体手册，二极管可选用 2AP4，其最大整流电流为 16mA，最高反向工作电压为 50V。为了使用安全，二极管的反向工作峰值电压要选得比 U_{Dmax} 大一倍左右。

单相桥式整流电路

6.1.2　单相桥式整流电路

1. 电路结构

单相桥式整流电路由整流变压器、4 个整流二极管（$VD_1 \sim VD_4$）构成的整流桥及负载电阻 R_L 组成。其电路如图 6-4 所示。

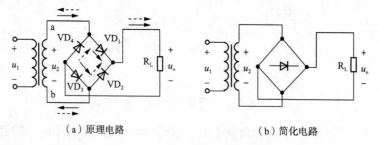

（a）原理电路　　　　　　　　（b）简化电路

图 6-4　单相桥式整流电路

2. 工作原理分析

u_2 为正半周时，a 点电位高于 b 点电位，二极管 VD_1、VD_3 承受正向电压而导通，VD_2、VD_4 承受反向电压而截止。此时电流的路径为：a→VD_1→R_L→VD_3→b，如图 6-5 所示。

u_2 为负半周时，b 点电位高于 a 点电位，二极管 VD_2、VD_4 承受正向电压而导通，VD_1、VD_3 承受反向电压而截止。此时电流的路径为：b→VD_2→R_L→VD_4→a，如图 6-6 所示。图 6-7 所示为单相桥式整流电路的波形图。

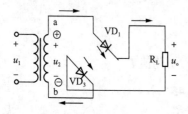

图 6-5　电流的路径示意图

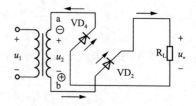

图 6-6　电流的路径示意

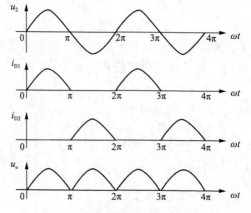

图 6-7　单相桥式整流电路的波形图

3. 单相桥式整流电路参数计算

（1）输出电压平均值 $U_{O(AV)}$：

$$U_{O(AV)} = \frac{1}{\pi} \int_0^\pi \sqrt{2}\,U_2 \sin\omega t \mathrm{d}\;(\omega t)\;\; = \frac{2\sqrt{2}}{\pi} U_2 \approx 0.9 U_2 \tag{6-6}$$

（2）输出电流平均值 $I_{O(AV)}$：

$$I_{O(AV)} = \frac{U_{O(AV)}}{R_L} \approx \frac{0.9 U_2}{R_L} \tag{6-7}$$

（3）脉动系数 S：

$$S = \frac{U_{O1M}}{U_{O(AV)}} \approx \frac{2}{3} \approx 0.67 \tag{6-8}$$

（4）二极管的平均电流 $I_{D(AV)}$：等于负载电流的平均值 $I_{O(AV)}$ 的一半

$$I_{D(AV)} = I_{O(AV)} \Big/ 2 = \frac{0.45 U_2}{R_L} \tag{6-9}$$

（5）二极管所承受的最大反向电压 U_{Rmax}

$$U_{Rmax} = \sqrt{2}\,U_2 \tag{6-10}$$

【**例 6.2**】试设计一台输出电压为 24V，输出电流为 1A 的直流电源，电路形式可采用半波整流或全波整流，试确定两种电路形式的变压器副边绕组的电压有效值，并选定相应的整流二极管。

解：（1）当采用半波整流电路时，变压器副边绕组电压有效值为

$$U_2 = \frac{U_o}{0.45} = \frac{24}{0.45} = 53.3\mathrm{V}$$

整流二极管承受的最高反向电压为

$$U_{RM} = \sqrt{2}\,U_2 = 1.41 \times 53.3 = 75.2\mathrm{V}$$

流过整流二极管的平均电流为

$$I_D = I_o = 1\mathrm{A}$$

因此可选用 2CZ12B 整流二极管，其最大整流电流为 3A，最高反向工作电压为 200V。

（2）当采用桥式整流电路时，变压器副边绕组电压有效值为

$$U_2 = \frac{U_o}{0.9} = \frac{24}{0.9} = 26.7\mathrm{V}$$

整流二极管承受的最高反向电压为

$$U_{Dmax} = \sqrt{2}\,U_2 = 1.41 \times 26.7 = 37.6\mathrm{V}$$

流过整流二极管的平均电流为

$$I_D = \frac{1}{2} I_o = 0.5\mathrm{A}$$

因此可选用 4 只 2CZ11A 整流二极管，其最大整流电流为 1A，最高反向工作电压为 100V。

6.1.3　滤波电路

整流电路的输出电压虽然是单方向的直流，但还是包含了很多脉动成分（交流分量），不能直接用做电子电路的直流电源。利用

滤波电路

电容和电感对直流分量和交流分量呈现不同的电抗的特点，可以滤除整流电路输出电压的交流成分，保留其直流成分，使其变成比较平滑的电压、电流波形。常用的滤波电路有电容滤波、电感滤波等。

1. 电容滤波器

电容滤波器的电路结构是在整流电路的输出端与负载电阻并联一个足够大的电容器，如图6-8所示。利用电容上电压不能突变的原理进行滤波。

（1）电容滤波器的工作原理

若u_2处于正半周，二极管VD_1、VD_3导通，变压器次端电压u_2给电容器C充电。此时C相当于并联在u_2上，所以输出波形同u_2，是正弦波。

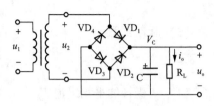

图6-8 桥式整流电容滤波电路

当u_2到达$\omega t = \pi/2$时，开始下降。先假设二极管关断，电容C就要以指数规律向负载R_L放电。指数放电起始点的放电速率很大。在刚过$\omega t = \pi/2$时，正弦曲线下降的速率很慢。所以刚过$\omega t = \pi/2$时二极管仍然导通。在超过$\omega t = \pi/2$后的某个点，正弦曲线下降的速率越来越快，当刚超过指数曲线起始放电速率时，二极管关断。所以在t_2到t_3时刻，二极管导通，C充电，$u_c = u_o$按正弦规律变化；t_1到t_2时刻二极管关断，$u_c = u_o$按指数曲线下降，放电时间常数为$R_L C$。桥式整流电容滤波的波形如图6-9所示。

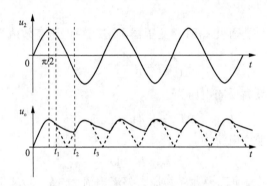

图6-9 桥式整流电容滤波的波形

（2）电容滤波电路参数的计算

电容滤波电路的计算比较麻烦，因为决定输出电压的因素较多。工程上有详细的曲线可供查阅，一般常采用以下近似估算法。

一种是用锯齿波近似表示，即

$$u_o = \sqrt{2}\, u_2 \left(1 - \frac{T}{4R_L C}\right) \tag{6-11}$$

另一种是在$R_L C = (3 \sim 5)\dfrac{T}{2}$的条件下，近似认为$u_o = 1.2u_2$。

（3）外特性

整流滤波电路中，输出直流电压u_o随负载电流I_o的变化关系曲线如图6-10所示。

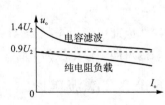

图6-10 电容滤波外特性曲线

2. 电感滤波器

利用储能元件电感器 L 的电流不能突变的性质，把电感 L 与整流电路的负载 R_L 相串联，也可以起到滤波的作用。

桥式整流电感滤波电路和波形如图 6-11 所示。当 u_2 正半周时，VD_1、VD_3 导通，电感中的电流将滞后 u_2。当 u_2 负半周时，电感中的电流将经由 VD_2、VD_4 提供。因桥式电路的对称性和电感中电流的连续性，4 个二极管 VD_1、VD_3、VD_2、VD_4 的导电角都是 180°。

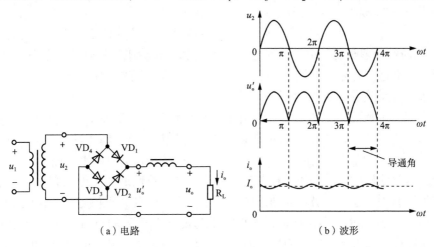

（a）电路　　　　　　　　　　　（b）波形

图 6-11　桥式整流电感滤波电路和波形

6.2　常用稳压电路

经整流滤波后的电压往往会随着电源电压的波动和负载的变化而变化。为了得到稳定的直流电压，必须在整流滤波后接入稳压电路。在小功率设备中常用的稳压电路有稳压管稳压电路、串联型稳压电路和集成稳压电路。

6.2.1　稳压管稳压电路

稳压管稳压电路方框图如图 6-12 所示。

1. 电路结构

硅稳压二极管稳压电路如图 6-13 所示。它是利用稳压二极管的反向击穿特性稳压的，由于反向特性陡直，较大的电流变化，只会引起较小的电压变化。

稳压管稳压电路

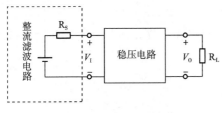

图 6-12　稳压管稳压电路方框图

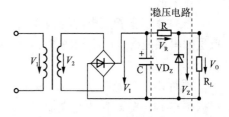

图 6-13　硅稳压二极管稳压电路

2. 稳压原理

（1）输入电压变化时如何稳压

根据电路图 6-13 可知

$$V_O = V_Z = V_I - V_R = V_I - I_R R$$

$$I_R = I_0 + I_Z$$

输入电压 V_I 的增加，必然引起 V_O 的增加，即 V_Z 增加，从而使 I_Z、I_R 增加，使 V_R 增加，从而使输出电压 V_O 减小。这一稳压过程可概括如下：

$$V_I \uparrow \to V_O \uparrow \to V_Z \uparrow \to I_Z \uparrow \to I_R \uparrow \to V_R \uparrow \to V_O \downarrow$$

这里 V_O 减小应理解为，由于输入电压 V_I 的增加，在稳压二极管的调节下，使 V_O 的增加没有那么大而已。V_O 还是要增加一点的，这是一个有差调节系统。

（2）负载电流变化时如何稳压

负载电流 I_0 的增加，必然引起 I_R 的增加，即 V_R 增加，从而使 $V_Z = V_O$ 减小，I_Z 减小。I_Z 的减小必然使 I_R 减小，V_R 减小，从而使输出电压 V_O 增加。这一稳压过程可概括如下：

$$I_0 \uparrow \to I_R \uparrow \to V_R \uparrow \to V_Z \downarrow \ (V_O \downarrow) \ \to I_Z \downarrow \to I_R \downarrow \to V_R \downarrow \to V_O \uparrow$$

稳压二极管稳压电路的稳压性能与稳压二极管击穿特性的动态电阻有关，与稳压电阻 R 的阻值大小有关。稳压二极管的动态电阻越小，稳压电阻 R 阻值越大，稳压性能越好。

① 当输入电压最小，负载电流最大时，流过稳压二极管的电流最小。此时 I_Z 不应小于 I_{Zmin}，由此计算出来稳压电阻的最大值，实际选用的稳压电阻应小于最大值。即

$$R_{max} = \frac{V_{Imin} - V_Z}{I_{Zmin} + I_{Lmax}} \tag{6-12}$$

② 当输入电压最大，负载电流最小时，流过稳压二极管的电流最大。此时 I_Z 不应超过 I_{Zmax}，由此可计算出来稳压电阻的最小值。即

$$R_{min} = \frac{V_{Imax} - V_Z}{I_{Zmax} + I_{Lmin}} \tag{6-13}$$

$$R_{min} < R < R_{max}$$

稳压二极管在使用时，一定要串入限流电阻，不能使它的功耗超过规定值，否则会造成损坏。

6.2.2 串联型稳压电路

稳压二极管的缺点是工作电流较小，稳定电压值不能连续调节。线性串联型稳压电源工作电流较大，输出电压一般可连续调节，稳压性能优越。目前这种稳压电源已经制成单片集成电路，广泛应用在各种电子仪器和电子电路之中。线性串联型稳压电源的缺点是损耗较大、效率低。

（1）线性串联型稳压电源的构成

典型的串联型稳压电路如图 6-14 所示。它由调整管、放大环节、比较环节、基准电压源几个部分组成。

（2）线性串联型稳压电源的工作原理

根据图 6-14，分两种情况来加以讨论。

① 输入电压变化，负载电流保持不变。输入电压 V_I 的增加，必然会使输出电压 V_O 有所增加，输出电压经过取样电路取出一部分信号 V_F 与基准源电压 V_Z 比较，获得误差信号

ΔV。误差信号经放大后，用 V_B 控制调整管的管压降 V_CE 增加，从而抵消输入电压增加的影响。

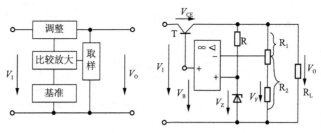

图 6-14　串联型稳压电路

$$V_\text{I} \uparrow \to V_\text{O} \uparrow \to V_\text{F} \uparrow \to V_\text{B} \downarrow \to V_\text{CE} \uparrow \to V_\text{O} \downarrow$$

② 负载电流变化，输入电压保持不变。负载电流 I_L 的增加，必然会使输入电压 V_I 有所减小，输出电压 V_O 必然有所下降，经过取样电路取出一部分信号 V_F 与基准电压源 V_Z 比较，获得的误差信号使 V_B 增加，从而使调整管的管压降 V_CE 下降，从而抵消因 I_L 增加使输入电压减小的影响。

$$I_\text{L} \uparrow \to V_\text{I} \downarrow \to V_\text{O} \downarrow \to V_\text{F} \downarrow \to V_\text{B} \uparrow \to V_\text{CE} \downarrow \to V_\text{O} \uparrow$$

③ 输出电压调节范围的计算。由图 6-14 可知

$$V_\text{F} \approx V_\text{Z}$$

$$V_\text{O} \approx V_\text{B} = \left(1 + \frac{R_1}{R_2}\right) V_\text{Z} \tag{6-14}$$

调节 R_2 显然可以改变输出电压。

6.2.3　集成稳压电路

集成稳压电路是将稳压电路的主要元件甚至全部元件制作在一块硅基片上的集成电路，因而具有体积小、使用方便、工作可靠等特点。

集成稳压电路

集成稳压器的种类很多，作为小功率的直流稳压电源，应用最为普遍的是三端式串联型集成稳压器。三端式是指稳压器仅有输入端、输出端和公共端 3 个接线端子，如 W78xx 和 W79xx 系列稳压器。W78xx 系列输出正电压有 5V、6V、8V、9V、10V、12V、15V、18V、24V 等多种，若要获得负输出电压选 W79xx 系列即可。例如，W7805 输出 +5V 电压，W7905 则输出 –5V 电压。这类三端稳压器在加装散热器的情况下，输出电流可达 1.5 ~ 2.2A，最高输入电压为 35V，最小输入、输出电压差为 2 ~ 3V，输出电压变化率为 0.1% ~ 0.2%。

三端式集成稳压器的封装形式有金属壳封装和塑料壳封装，如图 6-15 所示。要特别注意，不同型号、不同封装的集成稳压器，它们 3 个电极的位置是不同的，要查手册确定。

三端式集成稳压器的应用十分方便、灵活。下面介绍几种常用电路。

1. 输出为固定正电压的电路

输出为固定正电压的电路如图 6-16 所示，其中，U_I 为整流滤波后的直流电压；C_I（通常取 0.33μF）为用于抵消输入线较长时的电感效应，以防产生自激振荡，改善纹波特性。C_O（通常取 1μF）为为了瞬时增减负载电流时不致引起输出电压有较大的波动，改善负载的瞬态效应。

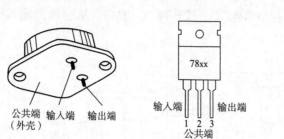
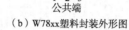
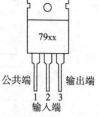
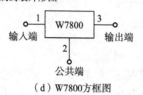

（a）三端式集成稳压器　　　（b）W78xx塑料封装外形图　　（c）W79xx塑料封装外形图
　　金属封装外形图

（d）W7800方框图　　　　　　（e）W7900方框图

图 6-15　三端式集成稳压器外形图、符号图

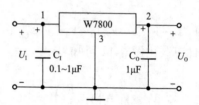

图 6-16　输出为固定正电压的电路

2. 输出为固定负电压的电路

输出为固定负电压的电路如图 6-17 所示。

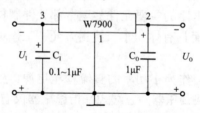

图 6-17　输出为固定负电压的电路

3. 正负电压同时输出的电路

当要求输出负电压时，应选择相应的 W7900 集成稳压器，如图 6-18 所示，应注意电压极性及引脚功能。

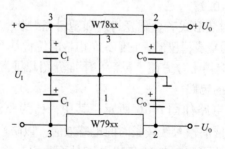

图 6-18　正负电压同时输出的电路

4. 提高输出电压电路

图 6-19 所示电路能使输出电压高于集成稳压器的固定输出电压。图中，U_{xx} 为 W78xx 固定输出电压，显然：$U_O = U_{xx} + U_Z$。

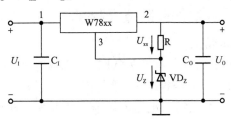

图 6-19　提高输出电压电路

5. 扩大输出电流的电路

当所需的负载电流超过稳压器的最大输出电流时，可采用外接功率管的方法扩大输出电流，接法如图 6-20 所示。图中，I_2 为稳压器的输出电流。I_C 是功率管的集电极电流，I_R 是电阻 R 上的电流。一般 I_3 很小，可忽略不计。

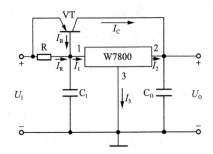

图 6-20　扩大输出电流的电路

据图 6-20 可得

$$I_2 \approx I_1 = I_R + I_B = -U_{BE}/R + I_C/\beta$$

式中，β 是功率管的电流放大系数。

6. 输出电压可调的电路

如图 6-21 所示，$U_O = U'_O + U''_O$。由于 U'_O 是固定的，故调节电位器可改变 U''_O，从而实现了输出电压的可调。

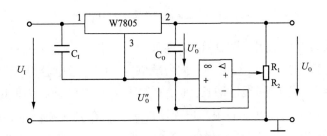

图 6-21　输出电压可调的电路

6.3 开关集成稳压电路

6.3.1 开关集成稳压电路的特点及类型

1. 开关集成稳压电路的特点

开关集成稳压电路的调整管工作在开关状态，依靠调节调整管导通时间实现稳压。由于调整管主要工作在截止和饱和两种状态，管耗很小，可以使稳压电源的效率明显提高，可达80%～90%，而且几乎不受输入电压的影响，即开关集成稳压电源有很宽的稳压范围。由于效率高，使得电源体积小、质量小。开关集成稳压电源的主要缺点是输出电压中含有较大的波纹。但由于开关集成稳压电源优点显著，故发展非常迅速，使用也越来越广泛，尤其适用于大功率且负载固定，输出电压调节范围不大的场合。

2. 开关集成稳压电路类型

开关集成稳压电路种类较多，可以按不同的方式来分类。如按调整管与负载连接方式可分为串联型和并联型；按控制方式可分为脉冲宽度调制型（PWM）、脉冲频率调制型（PFM）和混合调制型，其中脉冲宽度调制型用得较多。本节以串联型脉冲宽度调制型开关集成稳压电源为例，讨论开关集成稳压电源的组成及工作原理。

6.3.2 开关集成稳压电路的基本工作原理

图6-22所示为串联型脉冲宽度调制型开关集成稳压电路的组成框图。其中VT_1为开关调制管，它与负载R_L串联，VD_2为续流二极管，L、C构成滤波电路；R_1和R_2组成取样电路，控制电路用来产生开关调制管的控制脉冲，其周期T保持不变，但脉冲宽度t_{on}受来自取样电路误差信号的调制。

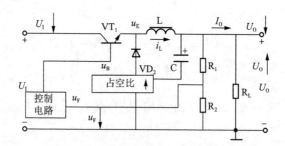

图6-22 串联型脉冲宽度调制型开关集成稳压电路组成框图

控制脉冲u_B为高电平期间，调制管VT_1饱和导通，若忽略饱和压降，则$u_E = U_1$，二极管VD_2承受反向电压而截止，u_E经电感L向负载供电，同时对电容C充电。由于电感L的自感电动势的作用，i_L随时间线性增长，L存储能量；控制脉冲u_B为低电平期间，调制管VT_1截止，$u_E \approx 0$。由于通过电感L中的电流不能突变，在其两端产生相反的感应电动势，使VD_2导通，于是电感L中存储的能量经VD_2向负载供电，i_L经R_L和VD_2继续流通，所以将VD_2称为续流二极管。这时i_L随时间线性下降，而后C向负载供电，以维持负载所需电流。由此可见，虽然调整管工作在开关状态，但由于续流二极管的作用以及L、C的滤波作用，稳压电路可以输出平滑的直流电压。

根据上述讨论可以画出开关集成稳压电源的电压、电流波形如图 6-23 所示。其中 t_{on} 表示调整管 VT_1 的导通时间，t_{off} 表示调整管的截止时间，$t_{on} + t_{off}$ 表示控制信号的周期 T，即为调整管导通、截止的转换周期。显然，当忽略电感 L 的直流压降、调整管的饱和压降和二极管的导通压降时，开关集成稳压电源输出电压的平均值为

$$U_O = \frac{t_{on}}{t_{on} + t_{off}} U_I = \frac{t_{on}}{T} U_I = D U_I \tag{6-15}$$

式中，$D = \dfrac{t_{on}}{T}$ 称为脉冲波形的占空比。式（6-15）表明，当输入电压 U_I 一定时，输出电压 U_O 正比于脉冲占空比 D，调节 D 就可改变输出电压的大小。

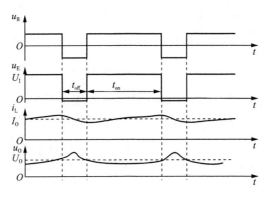

图 6-23　开关集成稳压电源的电压、电流波形

在闭环情况下，电路能根据输出电压的变化自动调节调制管的导通和关断时间，以维持输出电压的稳定。例如由于某种原因使输出电压 U_O 减小时，电路将自动产生如下的调整过程。

$$U_O \downarrow \to U_F \downarrow \to t_{on} \uparrow \to D \uparrow \to U_O \uparrow$$

反之，当 U_O 上升时，t_{on} 减小，使 U_O 下降，从而实现了稳压的目的。

6.3.3　开关集成稳压器及其应用

这里以 CW1524/2524/3524、CW4960/4962 和 CW2575/2576 系列开关集成稳压器为例，介绍开关集成稳压器的结构特点及其应用。

1. CW1524/2524/3524

CW1524 系列是采用双极性工艺制作的模拟、数字混合集成电路，它是典型的性能优良的开关电源控制器，其内部电路包括基准电压源、误差放大器、振荡器、脉宽调制器、触发器。CW1524/2524/3524 的区别在于工作结温不同（CW1524 工作结温为 −55 ~ +150℃，CW2524/3524 工作结温为 −25 ~ 150℃/0 ~ 125℃），其最大输入电压为 40V，最高工作频率为 100kHz，内部基准电压为 5V，能承受的负载电流为 50mA，每路输出电流为 100mA。CW1524 系列采用直插式 16 脚封装，引脚排列如图 6-24 所示，各脚的功能为：1、2 脚分别为误差放大器的反相和同相输入端，即 1 脚接取样电压，2 脚接基准电压；3 脚为振荡器输出端，可输出方波电压；6、7 脚分别为振荡器外接定时电阻 R_T 端和定时电容 C_T 端。振荡频率 $f_0 = 1.15/(C_T R_T)$，一般 $R_T = 1.8 ~ 100k\Omega$，$C_T = 0.01 ~ 0.1\mu F$；4、5 脚为外接限流取样端；8 脚是接地端；9 脚是补偿端；10 脚为关闭控制端，控制 10 脚电位可

以控制脉冲宽度调制器的输出，直至使输出电压为零；11、12 脚分别为输出管 A 的发射极和集电极；13、14 脚分别是输出管 B 的集电极和发射极。输出管 A 和 B 内均设限流保护电路，峰值电流限制在约 100mA；15 脚是输入电压端；16 脚是基准电压端，可提供电流 50mA、电压为 5V 的稳定基准电压源，该电源具有短路电流保护。

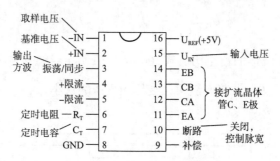

图 6-24　CW1524 系列引脚排列

　　图 6-25 所示为采用 CW1524 构成的开关集成稳压电源实例，通过外接开关调整管 VT_1、VT_2，可实现扩流。12 脚和 13 脚、11 脚和 14 脚连接在一起，将芯片内输出管 A 和 B 并联作为外接复合调整管 VT_1、VT_2 的驱动级。6、7 脚分别接入 R_5 和 C_2，故振荡器的振荡频率 $f_0 = 1.15/(3 \times 10^3 \Omega \times 0.02 \times 10^{-6} F) = 19.2\text{kHz}$。由 16 脚输出的 5V 基准电压经 R_3、R_4 的分压得 $U_{R_4} = 5V \times R_4/(R_3 + R_4) = 2.5V$，送到误差放大器的同相输入端 2 脚。稳压电源的输出电压 U_0 经取样电路 R_1、R_2 的分压，获得 $U_F = U_0 R_2/(R_1 + R_2)$，送到误差放大器反相输入端 1 脚。根据 $U_F = U_{REF}$，则可求得输出电压 U_0 为

$$U_0 = 5V \left(1 + \frac{R_1}{R_2}\right) \frac{R_4}{R_3 + R_4} = 5V$$

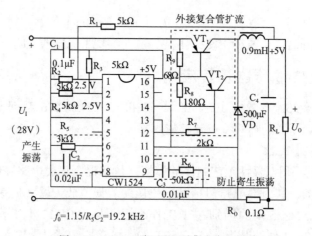

图 6-25　CW1524 降压型开关集成稳压电源

　　4 脚与 5 脚之间外接电阻 R 为限流保护取样电阻，以防止 VT_1、VT_2 管过载损坏，其阻值决定于芯片内所需限流信号电压（为 0.1V）与限定最大输出电流的比值，本电源要求输出最大电流为 1A，所以 $R_0 = 0.1\Omega$。9 脚外接 R_6、C_3 用于防止电路产生寄生振荡。输入电压 28V 由 15 脚接入。该电路为串联型开关集成稳压电路，其稳压原理上文已叙述。

2. CW4960/4962

CW4960/4962 已将开关功率管集成在芯片内部的单片集成开关集成稳压器，所以构成电路时只需少量外围元件。最大输入电压 50V，输出电压范围为 5.1 ~ 40V 连续可调，变换效率为 90%。脉冲占空比也可以在 0 ~ 100% 内调整。该器件具有慢起动、过流、过热保护功能，工作频率高达 100kHz。CW4960 额定输出电流为 2.5A，过流保护电流为 3 ~ 4.5A，用很小的散热片，它采用单列 7 脚封装形式，如图 6-26（a）所示。CW4962 额定输出电流为 1.5A，过流保护电流为 2.5 ~ 3.5A，不用散热片，它采用双列直插式 16 脚封装，如图 6-26（b）所示。

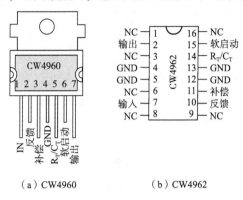

（a）CW4960　　　　　（b）CW4962

图 6-26　CW4960/4962 引脚图

CW4960/4962 内部电路完全相同，主要由基准电压源、误差放大器、脉冲宽度调制器、功率开关管以及软启动电路、输出过流限制电路、芯片过热保护电路等组成。CW4960/4962 的典型应用电路如图 6-27 所示（有括号的为 CW4960 的引脚标号），它为串联型开关集成稳压电路，输入端所接电容 C_1 可以减小输出电压的纹波，R_1、R_2 为取样电阻，输出电压为

$$U_O = 5.1 \frac{R_1 + R_2}{R_2} \tag{6-16}$$

R_1、R_2 的取值范围为 500Ω ~ 10kΩ。

$R_T C_T$ 用以决定开关电源的工作频率 $f = 1/(R_T C_T)$。一般 $R_T = 1 ~ 27$kΩ，$C_T = 1 ~ 3.3$nF，图 6-27 电路的工作频率为 100kHz，R_P、C_P 为频率补偿电路，用以防止产生寄生振荡，VD 为续流二极管，采用 4A/50V 的肖特基或快恢复二极管，C_3 为软启动电容，一般 $C_3 = 1 ~ 4.7$μF。

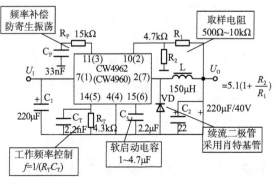

图 6-27　CW4960/4962 典型应用电路

3. CW2575/2576

CW2575/2576 是串联开关集成稳压器，输出电压分为固定 3V、5V、12V、15V 和可调 5 种，由型号的后缀两位数字标称。CW2575 的额定输出电流为 1A，CW2576 的额定输出电流为 3A。两种系列芯片内部结构相同，除含有开关调整管的控制电路外，还含有调整管、启动电路、输入欠压锁定控制和保护电路等，固定输出稳压器还含有取样电路。

CW2575/2576 集成稳压器的特点是：外部元件少，使用方便；振荡器的频率固定在 52kHz，因而滤波电容不大，滤波电路体积小；占空比 D 可达 98%，从而使电压和电流调整率更理想；转换效率可达 75% ~ 88%，且一般不需要散热器。

CW2575/2576 单列直插式塑料封装的外形及引脚排列如图 6-28 所示，两种系列芯片的引脚含义相同。其中，3 脚在稳压器正常工作时应接地，它可由 TTL 高电平关闭而处于低功耗备用状态。2 脚一般与应用电路的输出相连，在可调输出时与取样电路相连，此引脚提供的参考电压为 1.23V。芯片工作时要求输出电压不得超过输入电压。

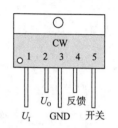

图 6-28　CW2575/2576 外形及引脚排列

两种系列芯片的应用电路相同，现以 CW2575 为例加以说明。图 6-29（a）所示为 CW2575 固定输出典型应用电路，由芯片型号可知：

$$U_O = 5V$$

图 6-29（b）所示为 CW2575 可调输出典型应用电路，其输出电压决定于取样电路基准电压，即

$$U_O = \left(1 + \frac{R_1}{R_2}\right)U_{REF}$$

式中，$U_{REF} = 1.23V$。所以图 6-29（b）输出电压 $U_O = (1 + 7.15) \times 1.23V = 10V$。

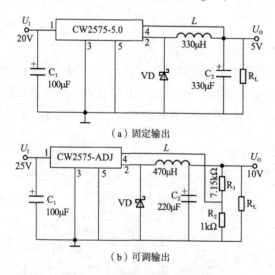

（a）固定输出

（b）可调输出

图 6-29　CW2575 典型应用电路

因芯片的工作频率较高，上述两电路中的续流二极管最好选用肖特基二极管。为了保证直流电源工作的稳定性，电路的输入端必须加一个至少为 100μF 的旁路电解电容 C_1。

实 践 项 目

实训 6.1　固定输出集成稳压电源的组装与调试

（一）目的

1. 理解直流稳压电源的组成，加深对直流稳压电源工作原理的理解。

2. 熟悉固定输出三端集成稳压器的应用。

3. 学会直流稳压电源组装和调试方法。

（二）电路及性能指标

固定输出集成稳压电源电路如图 6-30 所示，它由电源变压器、整流滤波、稳压器等组成。该电路输入交流电压为 220V ± 10%，频率为 50Hz，输出直流电压为 12V，输出直流电流为 0 ~ 200mA。

（三）任务及步骤

1. 分析电路（写入预习报告）

（1）说明各组成部分作用及元器件。

（2）列出 U_1、U_2、u_i、U_0 等电压估算值。

2. 配材料、元器件认识与检查

（1）按图 6-30 配齐所需材料。

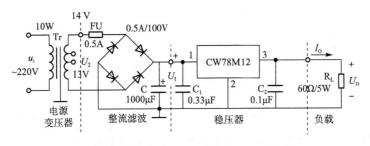

图 6-30　固定输出集成稳压电源电路

　　（2）元器件外观检查。凡元器件外观有破裂、变形、烧坏痕迹，以及引脚松动等均需调换。

　　（3）用万用表高电阻挡测量变压器一次和二次绕组间、绕组与铁心间、绕组与接地屏蔽层间的电阻均应趋于无穷大。

　　（4）整流桥检测。用万用表电阻×1k 挡，测量整流桥交流输入端 a、b 引脚之间的正反向电阻均趋于无穷大，将万用表红表笔与直流输出端正极引脚 c 相接，黑表笔分别与引脚 a 和 b 相接，测得电阻均为很小；再将黑表笔与直流输出端负极引脚 d 相接，红表笔分别与引脚 a 和 b 相接，测得电阻均很大，则可判断该整流桥是好的。

　　（5）电解电容器检测。万用表置于电阻×1k 挡，将黑表笔接电容器的正极，红表笔接电容器的负极，如指针先快速偏转后再慢慢回到零，则电容器是好的，若指针偏转后不回到零而指在某一较小阻值时，则说明该电容器漏电较大，不可使用。

3. 画出组装布线图，按照布线图组装电路

先在多功能印制电路板上固定好变压器，然后进行其他电路元器件的焊装。安装中应特别注意变压器一次和二次绕组不能接反（可用万用表电阻×1k挡检测，绕组电阻大的是一次，电阻小的是二次），否则通电后会使变压器烧坏；整流桥引脚不能接错，滤波电解电容器极性不能接反。

组装完毕后，还应认真检查电路中各元器件有无接错、漏接和接触不良之处，输出端不应有短路现象。

4. 通电测试

（1）通电前应再检查一遍安装电路，确认没有错误后方可接通交流220V电源，调试过程中变压器一次侧电路绝不允许用手触摸，以免触电。

（2）空载检查测试，稳压电源输出端不接负载电阻 R_L，然后接通220V交流电源，迅速观察电路各元器件工作情况，如发现变压器温升过快过高、保护熔丝爆断、焦煳味等，应立即关断电源开关，以免故障扩大，然后认真查找故障，待故障消除后，方可再次合上电源开关。

合上交流电源开关后，电路工作正常，可用万用表直流电压挡测量输出电压 U_O，应为12V，检测整流滤波输出电压 U_I，约为19V，用万用表交流电压挡测变压器二次侧交流电压有效值 U_2，约为14V，说明直流稳压电源工作基本正常，然后测量 U_I、U_2、u_i、U_O 并记录于表6-1中。

表6-1　直流稳压电源电压测量

交、直流电压	U_1/V	U_2/V	u_1/V	U_O/V	u_{iPP}/V	U_{OPP}/mV
估算值	220					
空载（$R_L = \infty$）						
有载（$R_L = 60\Omega$）						

（3）加载测量。直流稳压电源输出端外接额定负载电阻 $R_L = 60\Omega$（注意此电阻承受功耗为 $12V \times 0.2A = 2.4W$，所以 R_L 选用5W以上的金属膜电阻为妥）。

用万用表交流挡测量 U_2、用直流电压挡测量 U_I、U_O 等，并记录于表6-1中，此时 U_2、U_I、U_O 测量值均会比空载时所测数值略小。

用示波器测量 U_I 和 U_O 中纹波电压的峰–峰值 u_{iPP} 和 U_{OPP}，并记录于表6-1中，U_O 中的纹波电压应很小（约mA级），若过大，则应检查滤波电容是否接好或损坏、失效。

5. 撰写调试报告

调试报告的主要内容有：目的、电路及性能指标、任务及步骤、测试数据，调试结果，整理求出电流调整率、输出电阻及纹波抑制比和调试小结等。

实训6.2　可调输出集成直流稳压电源的组装及调试

（一）目的

1. 熟悉集成三端可调稳压器的使用方法及外部元器件参数的选择。

2. 掌握可调输出集成直流稳压电源的调整与测试方法。

（二）内容及要求

1. 电路特性指标

（1）输入交流电压：220V ±10%，频率为50Hz。

（2）输出直流电压：1.5 ~ 15V，连续可调。

（3）输出电流：0 ~ 0.5A。

2. 电路形式及元器件参数选择

（1）选择电路形式，画出原理电路。

（2）选择电路元器件的型号及参数，并列出材料清单。

（3）画出安装布线图。

3. 电路安装

安装注意事项同本节实训6.1。

4. 调整与测试

通电前应先拟定调试内容及步骤，画出测试电路和记录表，认真检查安装电路，确认没有错误后方可接通交流电源进行调整与测试。

5. 撰写调试报告

调试报告内容及要求同本节实训6.1。

本 章 小 结

1. 直流稳压电源是电子设备中的重要组成部分，用来将交流电网电压变为稳定的直流电压。一般小功率直流电源由电源变压器、整流滤波电路和稳压电路等部分组成。对直流稳压电源的主要要求是：输入电压变化以及负载变化时，输出电压应保持稳定，纹波电压及温度系数要小。

2. 整流电路的作用是利用二极管的单向导电性，将交流电压变成单方向的脉动直流电压，目前广泛采用整流桥构成桥式整流电路。为了消除脉动电压的波纹电压需采用滤波电路，单相小功率电源常采用电容滤波。在桥式整流电容滤波电路中，当 $RC \geq (3 ~ 5)\ T/2$ 时，输出电压 $U_{O(AV)} \approx 1.2\ U_2$（$U_2$ 为变压器二次电压的有效值）。

3. 稳压电路用来在交流电源电压波动或负载变化时，稳定直流输出电压。目前广泛采用集成稳压器，在小功率供电系统中多采用线性集成稳压器。串联型线性集成稳压器中调整管与负载相串联，且工作在线性放大状态，它由调整管、基准电压、取样电路、比较放大电路，以及保护电路等组成。

三端集成稳压器仅有输入端、输出端和公共端（调整端），有固定输出和可调输出两种，均有正、负电源两类，使用方便、稳压性能好且价格低廉。但由于调整管工作在线性放大区，功耗较大、效率较低。

4. 开关集成稳压电源中调整管工作在开关状态，它是利用控制调整管导通与截止时间的比例来稳定输出电压的。其效率比线性稳压器高得多，而且这一效率几乎不受输入电压大小的影响，即开关集成稳压电源有较宽的稳压范围，但其纹波电压较大。

5. 进行直流稳压电源调整测试时，应特别注意人身和设备的安全。首先要分清强电和弱电部分，强电部分严禁带电操作；其次，通电之前必须对电路进行认真检查，只有确认电路接线绝对正确时，方可合上交流电源，否则就有可能因电路接错而损坏元器件。

自我测试

一、填空题

1. 小功率直流稳压电源一般由＿＿＿＿、＿＿＿＿、＿＿＿＿和＿＿＿＿组成。

2. 桥式整流电容滤波电路的交流输入电压有效值为U_2，电路参数选择合适，则该整流滤波电路的输出电压$U_{O(AV)} \approx$＿＿＿＿，当负载电阻开路时$U_{O(AV)} \approx$＿＿＿＿，当滤波电容开路时，$U_{O(AV)} \approx$＿＿＿＿。

3. 串联型晶体管线性稳压电路主要由＿＿＿＿、＿＿＿＿、＿＿＿＿和＿＿＿＿四部分组成。

4. 线性集成稳压器调整管工作在＿＿＿＿状态，而开关集成稳压电源工作在＿＿＿＿状态，所以它的功率＿＿＿＿。

二、选择题

1. 将交流电变成单向脉动直流电的电路称为（　　）电路。

    A. 变压　　　　　B. 整流　　　　　C. 滤波　　　　　D. 稳压

2. 桥式整流电容滤波电路，输入交流电的有效值为10V，用万用表测得直流输出电压为9V，则说明电路中（　　）。

    A. 滤波电容开路　　　　　　　B. 滤波电路短路
    C. 负载开路　　　　　　　　　D. 负载短路

3. 开关集成稳压电源比三端集成稳压电源效率高的原因是（　　）。
    A. 输出端有LC滤波器
    B. 可以不用电源变压器
    C. 调整管工作在开关状态
    D. 调整管工作在放大状态

三、判断题

1. 直流稳压电源是一种能量转换电路，它将交流能量转变为直流能量。（　　）

2. 桥式整流电容滤波电路中，输出电压中的纹波大小与负载电阻有关，负载电阻越大，输出纹波电压也越大。（　　）

3. 串联型线性稳压电路中，调整管与负载串联且工作于放大区。（　　）

习题

一、选择题

1. 在单相半波整流电路中，所用整流二极管的数量是（　　）。
    A. 四只　　　　　B. 三只　　　　　C. 二只　　　　　D. 一只

2. 在整流电路中，设整流电流平均值为I_0，则流过每只二极管的电流平均值$I_D = I_0$的电路是（　　）。
    A. 单相桥式整流电路　　　　　B. 单相半波整流电路
    C. 单相全波整流电路　　　　　D. 以上都不行

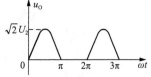

3. 设整流变压器副边电压 $u_2 = \sqrt{2}\,U_2\sin\omega t$，欲使负载上得到图 6-31 所示整流电压的波形，则需要采用的整流电路是（　　）。

    A. 单相桥式整流电路

    B. 单相全波整流电路

    C. 单相半波整流电路

    D. 以上都不行

图 6-31

4. 整流滤波电路如图 6-32 所示，负载电阻 R_L 不变，电容 C 愈大，则输出电压平均值 U_0 应（　　）。

    A. 不变　　　　B. 愈大　　　　C. 愈小　　　　D. 无法确定

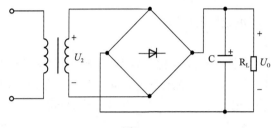

图 6-32

5. 单相半波整流、电容滤波电路如图 6-33 所示，设变压器副边电压有效值为 U_2，则整流二极管承受的最高反向电压为（　　）。

    A. $2\sqrt{2}\,U_2$　　　　　　　　B. $\sqrt{2}\,U_2$

    C. U_2　　　　　　　　　　D. $2U_2$

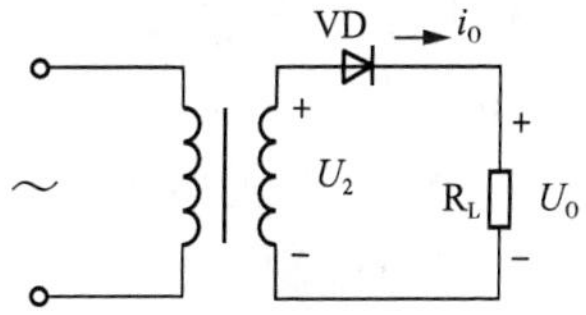

图 6-33

6. 若桥式整流由两个二极管组成，变压器的副边电压为 U_2，承受最高反向电压为（　　）。

    A. $\sqrt{2}\,U_2$　　　　B. U_2　　　　C. $2U_2$　　　　D. $3U_2$

7. 单相半波整流电路中，负载为 500Ω 电阻，变压器的副边电压为 12V，则负载上电压平均值和二极管所承受的最高反向电压为（　　）。

    A. 5.4V、17V　　B. 5.4V、12V　　C. 9V、12V　　　D. 9V、17V

8. 稳压管的稳压区是工作在（　　）。

    A. 反向击穿区　　　　　　　　B. 反向截止区

    C. 正向导通区　　　　　　　　D. 正向截止区

9. 在桥式整流电路中，负载流过电流 I_0，则每只整流管中的电流 I_D 为（　　）。

    A. $I_0/2$　　　　B. I_0　　　　C. $I_0/4$　　　　D. U_2

10. 整流的目的是（　　）。

    A. 将交流变为直流　　　　　　B. 将高频变为低频

    C. 将正弦波变为方波　　　　　D. 将直流变为交流

11. 直流稳压电源中滤波电路的目的是（　　）。

    A. 将交直流混合量中的交流成分滤掉

    B. 将高频变为低频

    C. 将交流变为直流

    D. 将低频变为高频

12. 在单相桥式整流电路中，若 D_1 开路，则输出（　　）。

    A. 变为半波整流波形

    B. 变为全波整流波形

    C. 无波形且变压器损坏

    D. 波形不变

13. 稳压二极管构成的并联型稳压电路，其正确的接法是（　　）。

    A. 限流电阻与稳压二极管串联后，负载电阻再与稳压二极管并联

    B. 稳压二极管与负载电阻并联

    C. 稳压二极管与负载电阻串联

    D. 限流电阻直接与负载电阻串联

二、填空题

1. 桥式整流和单相半波整流电路相比，在变压器副边电压相同的条件下，_____电路的输出电压平均值高了一倍；若输出电流相同，就每一整流二极管而言，则_____电路的整流平均电流大了一倍，采用_____电路，脉动系数可以下降很多。

2. 在电容滤波和电感滤波中，_____滤波适用于大电流负载，_____滤波的直流输出电压高。

3. 电容滤波的特点是电路简单，_____较高，脉动较小，但是_____较差，有电流冲击。

4. 对于 LC 滤波器，_____越高，_____越大，滤波效果越好，但其_____大，而受到限制。

5. 集成稳压器 W7812 输出的是_____，其值为_____V。

6. 集成稳压器 W7912 输出的是_____，其值为_____V。

7. 单相半波整流的缺点是只利用了_____，同时整流电压的_____。为了克服这些缺点一般采用_____。

8. 稳压二极管需要串入_____才能进行正常工作。

9. 单相桥式整流电路中，负载电阻为 90Ω，输出电压平均值为 9V，则流过每个整流二极管的平均电流为_____A。

10. 由理想二极管组成的单相桥式整流电路（无滤波电路），其输出电压的平均值为 9V，则输入正弦电压有效值应为_____。

三、判断题

1. 直流电源是一种能量转换电路，它将交流能量转换为直流能量。（　　）

2. 直流电源是一种将正弦信号变换为直流信号的波形变换电路（　　）

3. 稳压二极管是利用二极管的反向击穿特性进行稳压的。（　　）

4. 桥氏整流电路在接入电容滤波后，输出直流电压会升高。（　　）

5. 用集成稳压器构成稳压电路，输出电压稳定，在实际应用时，不需考虑输入电压大小。（　　）

6. 直流稳压电源中的滤波电路是低通滤波电路。（　　）

7. 滤波电容的容量越大，滤波电路输出电压的纹波就越大。（　　）

8. 在变压器副边电压和负载电阻相同的情况下，桥式整流电路的输出电流是半波整

流电路输出电流的 2 倍。因此，它们的整流管的平均电流比值为 2:1。　　　　　　（　　）

四、简答题

1. 滤波电路的功能是什么，有几种滤波电路？

2. 如图 6-34 所示电路给需要 +9V 的负载供电，指出图中错误，直接在图中改正错误之处，并说明缘由。

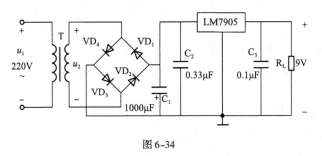

图 6-34

五、分析题

1. 在图 6-35 的各电路图中，$E = 5V$，$u_i = 9\sin(\omega t)\,V$，二极管的正向压降可以忽略不计，试分别画出输出电压 u_o 的波形。

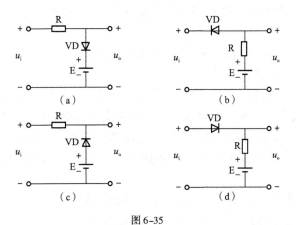

图 6-35

2. 在图 6-36 所示的两个电路中，已知 $u_i = 9\sin(\omega t)\,V$，二极管为硅管，试分别画出输出电压 u_o 的波形。

3. 在图 6-37 中，试求下列几种情况下的输出电压 U_F：（1）$U_A = U_B = 0V$；（2）$U_A = U_B = 3V$；（3）$U_A = 0V$，$U_B = 3V$。管子导通压降忽略不计。

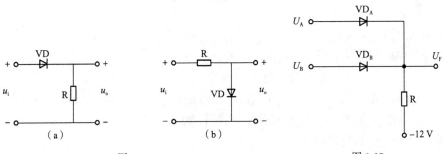

图 6-36　　　　　　　　　　　　　　　　图 6-37

六、计算题

1. 已知负载电阻 $R_L = 80\Omega$，负载电压 $U_0 = 19V$。采用单相桥式整流电路，交流电源电压为220V。试计算变压器副边电压 U_2、负载电流和二极管电流 I_D 及最高反向电压 U_{DRM}。

2. 有两只稳压管 VD_{Z1}、VD_{Z2}，其稳定电压分别为 8.5V 和 6.5V，其正向压降均为 0.5V，输入电压足够大。现欲获得 7V、15V 和 9V 的稳定输出电压 U_0，试画出相应的并联型稳压电路。

3. 有一直流电源，其输出电压为19V、负载电阻为 55Ω 的直流负载，采用单相桥式整流电路（不带滤波器）供电。试求变压器副边电压和输出电流的平均值，并计算二极管的电流 I_D 和最高反向电压 U_{DRM}。

4. 有一直流电源，其输出电压为19V、负载电阻为 55Ω 的直流负载，采用单相半波整流电路（不带滤波器）供电。试求变压器副边电压和输出电流的平均值，并计算二极管的电流 I_D 和最高反向电压 U_{DRM}。

5. 单相桥式整流电路中，不带滤波器，已知负载电阻 $R = 360\Omega$，负载电压 $U_0 = 90V$。试计算变压器副边的电压有效值 U_2 和输出电流的平均值，并计算二极管的电流 I_D 和最高反向电压 U_{DRM}。

6. 在单相桥式整流电容滤波电路中，若发生下列情况之一时，对电路正常工作有什么影响？

① 负载开路；② 滤波电容短路；③ 滤波电容断路；④ 整流桥中一只二极管断路；⑤ 整流桥中一只二极管极性接反。

7. 设一半波整流电路和一桥式整流电路的输出电压平均值和所带负载大小完全相同，均不加滤波，试问两个整流电路中整流二极管的电流平均值和最高反向电压是否相同？

8. 欲得到输出直流电压 $U_0 = 50V$，直流电流 $I_0 = 160mA$ 的电源，问应采用哪种整流电路？画出电路图，计算电源变压器副边电压 U_2，并计算二极管的平均电流 I_D 和承受的最高反向电压 U_{DRM}。

9. 在如图 6-38 所示的电路中，已知 $R_L = 8k\Omega$，直流电压表 V_2 的读数为 19V，二极管的正向压降忽略不计，求：

（1）直流电流表 A 的读数。

（2）整流电流的最大值。

（3）交流电压表 V_1 的读数。

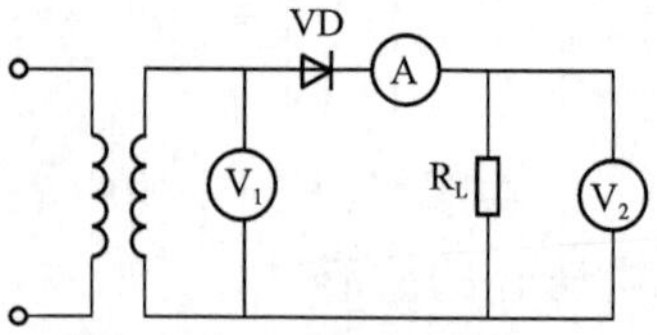

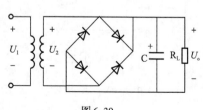

图 6-38

10. 在如图 6-39 所示的桥式整流电容滤波电路中，$U_2 = 20V$，$R_L = 40\Omega$，$C = 1\,000\mu F$，试问：

（1）正常时 U_0 为多大？

（2）如果测得 U_0 为：① $U_0 = 18V$；② $U_0 = 28V$；③ $U_0 = 9V$；④ $U_0 = 24V$。电路分别处于何种状态？

（3）如果电路中有一个二极管出现下列情况：① 开路；② 短路；③ 接反。电路分别处于何种状态，是否会给电路带来什么危害？

图 6-39

参考文献

[1] 冯泽虎,韩振花. 模拟电子技术[M]. 北京:高等教育出版社,2017.

[2] 华中科技大学电子学教研室,康华光. 电子技术基础(模拟部分)[M]. 北京:高等教育出版社,2013.

[3] 西安交通大学电子学教研室,沈尚贤. 电子技术导论[M]. 北京:高等教育出版社,1985.

[4] 谢嘉奎. 电子线路[M]. 4版. 北京:高等教育出版社,1999.

[5] 冯民昌. 模拟集成电路系统[M]. 2版. 北京:中国铁道出版社,1998.

[6] 汪惠,王志华. 电子电路的计算机辅助分析与设计方法[M]. 北京:清华大学出版社,1996.

[7] 吴运昌. 模拟集成电路原理与应用[M]. 广州:华南理工大学出版社,1995.

[8] 沙占友,李学芝,邱凯. 新型数字电压表原理与应用[M]. 北京:国防工业出版社,1995.

[9] 华中理工大学电子学教研室,陈大钦. 模拟电子技术基础[M]. 北京:高等教育出版社,2000.

[10] 杨素行. 模拟电子电路[M]. 北京:中央广播电视大学出版社,1994.

[11] 清华大学电子学教研室组,杨素行. 模拟电子技术简明教程[M]. 2版. 北京:高等教育出版社,1998.

[12] 清华大学电子学教研组,童诗白. 模拟电子技术基础[M]. 2版. 北京:高等教育出版社,1988.